材料成型实验教程

主　编　钱健清

副主编　柏媛媛　钱爱文

李长宏　章小峰

合肥工业大学出版社

内容简介

本教材依据材料成型专业中金属塑性加工的各种轧制原理以及轧制工艺、冲压工艺、锻造工艺、挤压和拉拔工艺、金属组织热处理、特种加工等主要工艺中的典型实验进行编写。全书重点是有关轧制实验和计算机技术、测控技术在材料成型中的应用实验,强调课堂理论教学与实验教学的关联性。每一项实验都与专业课堂理论教学章节相对应,有利于学生更加深入理解专业理论。

该教材适用于以轧制为特点的材料成型与控制工程专业的实验教学,也可以供其他材料成型与控制工程专业的实验教学参考。

图书在版编目(CIP)数据

材料成型实验教程/钱健清主编 . —合肥:合肥工业大学出版社,2022.7
ISBN 978 - 7 - 5650 - 5699 - 4

Ⅰ.①材… Ⅱ.①钱… Ⅲ.①工程材料—成型—实验—教材 Ⅳ.①TB302

中国版本图书馆 CIP 数据核字(2022)第 051934 号

材料成型实验教程
CAILIAO CHENGXING SHIYAN JIAOCHENG

钱健清 主编   责任编辑 刘 露

出 版	合肥工业大学出版社	版 次	2022 年 7 月第 1 版
地 址	合肥市屯溪路 193 号	印 次	2022 年 7 月第 1 次印刷
邮 编	230009	开 本	787 毫米×1092 毫米 1/16
电 话	理工图书出版中心: 0551 - 62903004	印 张	10.25
	营销与储运管理中心: 0551 - 62903198	字 数	231 千字
网 址	www.hfutpress.com.cn	印 刷	安徽联众印刷有限公司
E-mail	hfutpress@163.com	发 行	全国新华书店

ISBN 978 - 7 - 5650 - 5699 - 4   定价: 45.00 元

如果有影响阅读的印装质量问题,请与出版社营销与储运管理中心联系调换。

前　言

实验教学是工科专业本科教学的重要环节,材料成型实验教学也是如此,承担着培养材料成型与控制工程专业学生扎实理论基础、过硬专业技能、较强动手能力、富有创新精神的重要任务,实验教学质量直接影响到整个教学质量,一本适宜的实验教学教材对提高本科教学质量、优化实验教学方法具有十分重要的意义。

实验教学主要是培养和训练学生,使其具备从事科技工作所必需的基本实验能力和创造性实验能力。基本实验能力表现在掌握本专业常用科学仪器的基本原理及使用方法,能熟练运用测试技术和计算机技术,熟悉本专业的基本实验技能和技巧;创造性实验能力表现在综合运用所学知识去分析问题和解决问题,以及进行新知识探索等方面。

轧制教学是安徽工业大学材料成型与控制工程专业的特色和亮点,同样也是本教材重点内容,如教材的第 4、5、6、9 章均涉及轧制实验,这样安排的目的主要是配合轧制教学,进一步突出安徽工业大学材料成型与控制工程专业这一主要特色,同时也兼顾冲压、锻造等成型方面的实验教学。

本教材力求根据能力结构的层次和学生的认识规律,把传授知识与培养能力紧密结合起来,这种结合贯穿于专业教学的整个过程;另外,将实验教学与课堂理论教学紧密地联系起来,每一项实验都与专业课堂理论教学章节对应,有利于学生对专业理论有更加深入的理解。

目前计算机技术和测控技术在材料成型中的应用成为重要发展方向,为跟上时代发展的脚步,使学生深入理解计算机技术和测控技术在轧制成型方面的应用原理,培养学生基本具备应用计算机技术和测控技术解决材料成型过程中的具体问题的能力,因此本教材还编入了多项相关实验。

本教材特别适用于以轧制为特点的材料成型与控制工程专业的实验教学,也可以供其他材料成型与控制工程专业的实验教学参考。

本教材由钱健清教授担任主编,柏媛媛、钱爱文、李长宏、章小峰担任副主编,参与编写的有李景辉、张龙、谢玲玲、白凤梅、杨晓娜,安徽工业大学2021级研究生陈健及2019级本科生豆毅恒、孙讯等人参加了部分资料的收集和整理工作。

　　另外,本教材在编写过程中,还参考了一些有关材料成型实验的教材,吸收了许多专家同仁的观点,因篇幅所限,未能在书后所附的参考文献中一一列出,在此,特向在本教材引用和参考有关内容的作者表示诚挚的谢意。

　　本教材在出版时,得到安徽工业大学冶金工程学院材料成型及控制工程系的鼓励和资助,在此对有关领导深表谢意。

　　本教材虽经多次修改,但由于编者能力所限,不足之处在所难免,敬请读者批评指正。

编　者

2021 年 12 月

目　录

第 1 章 概 述

1.1 材料成型实验目的及基本要求

材料成型及控制工程是机械工程类专业,也是机械工程与材料科学与工程的交叉学科。材料成型及控制工程学科是研究塑性成型及热加工在改变材料的微观结构、宏观性能和表面形状过程中的相关工艺因素对材料的影响,解决成型工艺开发、成型设备、工艺优化的理论和方法;研究模具设计理论及方法;研究模具制造中的材料、热处理、加工方法等问题。

材料成型及控制工程专业是国民经济发展的支柱产业,是制造业的核心专业,是先进制造业和智能制造技术(如轧制和冲压)的主要专业,也是我国较多工科院校开设的重要专业。

材料成型及控制工程是培养具备机械工程、材料科学与工程和自动化学科的理论基础以及材料成型加工及其控制工程、模具设计制造、计算机应用等专业知识,能在机械、模具、材料成型加工等领域从事科学研究、应用开发、工艺与设备的设计、生产及经营管理等方面工作的高级工程技术人才和管理人才。

材料成型及控制工程专业的毕业生应获得以下几方面的知识和能力:

(1)具有较扎实的自然科学基础,较好的人文、艺术和社会科学基础及正确运用语言、文字的表达能力;

(2)较系统地掌握本专业领域宽广的技术理论和基础知识,主要包括力学、机械学、电工与电子技术、热加工工艺基础、自动化基础、市场经济及企业管理等基础知识;

(3)具有本专业必需的制图、计算、测试、文献检索和基本工艺操作等基本技能和较强的计算机和外语应用能力;

(4)具有本专业领域内某个专业方向所必需的专业知识,了解科学前沿及发展趋势;

(5)具有较强的动手能力、自学能力、创新意识和较高的综合素质。

材料成型及控制工程是理论和实际应用结合很强的工科专业,不仅要求学生具有扎实的理论知识,而且更要求学生能够把这些理论知识应用到实际中,必须重视实验实践教学。

课堂教学传授的是间接知识,知识的载体是教材,教材上的内容是相对固定的东西,然而鲜活的科学知识只存在于生产实践及科学实验中。正因为如此,发达国家工科院校把实验教学、课堂教学和毕业设计作为大学教学的三大要素,而学生在大学学习的时间有一半以上是在实验室度过的。我国正在进行一场意义深远的教育改革,人们对实验教学的作用和地位的认识,也正在发生着新的、深刻的变化。

在科学技术迅猛发展、知识更新的速度迅速增长的今天,虽然更新和充实教学内容是一种补救措施,但仍无法保证学生毕业后能适应迅速变化的科技发展形势和跟上时代的步伐。所以,根本对策是培养学生的能力,包括应用已经学到知识的能力、继续学习能力、动手能力和创新能力等。只要具备了这些能力,不管形势如何变化,毕业生都可以跟上时代的步伐。

课堂教学重视的是结论性的知识,以及对结论的各种解释;实验教学重视的是过程,是条件。一个科学过程总是在一定的条件下完成的,实现一定的实验条件是科学实验成败的关键。所以,整个科学过程的条件如何实现才是实验教学的核心,而这正是课堂教学由于客观条件无法顾及而常常被忽视的东西。科学实验把"为什么"式的问题转换成"如何"式的问题。一个个"为什么"解决了,又会出现新的"为什么"。在一些"为什么"取代另一些"为什么"的时候,科学和技术已经取得了不小的进步。学生就是在解决一个个"为什么"的过程中,获得了知识,不同于书本的固定的知识,实验过程中获得的鲜活的知识培养了学生各种能力和意识,具有创新能力。

因此,实验教学是材料成型及控制工程专业本科教学的重要环节,承担着培养具有扎实理论基础、过硬专业技能、较强动手能力、富有创新精神的优秀人才的重要任务,实验教学质量直接影响到整个教学质量。

通过各项基本技能训练和综合实验等教学过程,要求学生达到以下基本要求:

(1)正确熟练掌握实验中必要仪器设备的结构、原理、使用范围、操作方法和注意事项。

(2)学会细心观察实验现象,正确采集实验数据,善于用理论分析实验中各种现象及其变化规律。

(3)实验中积极主动,胆大心细,训练科学。培养严谨、创新、求实的作风,切忌马虎、浮躁、人云亦云、捕风捉影、弄虚作假等不良习惯,杜绝不可靠的实验结果。

(4)爱护仪器设备,杜绝违规操作,发现自己不能处理的问题时要及时报告。培养实验安全意识,牢固树立安全第一的思想。将实验室的设备、工具和材料摆放整齐,保持室内良好的卫生习惯。

1.2　实验室管理制度

实验室是进行科学实验的地方,不仅要保证实验室安全,还要保持实验室清洁与卫生,为科学实验创造良好的环境。为保证实验质量、提升学院对外形象、提高学生和教师科研素养,实验室应制定相应的管理制度。

(1)进入实验室的所有人员,必须整洁、文明、肃静,遵守实验室的各项规章制度。

（2）实验人员在实验过程中，要注意保持室内卫生及良好的实验习惯。

（3）实验结束后，必须及时做好清洁整理工作，实验人员必须将工作台、仪器设备、器皿等清洁干净，并将仪器设备和器皿按规定归类放好，不能随意放置。所有实验产生的废物应及时放入废物箱内，及时处理并清理好现场。

（4）实验室负责人负责安排日常的卫生清扫以及仪器设备的维护保养工作。实验室成员有参加本室清扫及维护保养仪器设备的义务。

（5）实验室内各种仪器设备、物品摆放要合理、整齐，与实验无关物品禁止带入并存放在实验室。

（6）为保持室内地面、实验台、设备和工作环境干净整洁，必须坚持每次实验结束一小扫、每周一大扫的卫生制度，每年彻底清扫 2 次。

（7）实验室内的仪器设备、各人实验台架、凳和各种设施应摆放整齐，并经常擦拭，保持无污渍、无灰尘。

（8）卫生责任人应对实验室桌面、地面及时打扫。注意保持室内场地和仪器设备的整洁卫生。

（9）实验室内杂物要清理干净，有机溶剂、腐蚀性液体的废液必须盛于废液桶内，贴上标签，统一回收处理。

（10）保持室内地面无灰尘、无积水、无纸屑等垃圾。

（11）实验室整体布局须合理有序，保持管道线路和开关板上无积灰与蛛网。

（12）节假日开始前必须做好卫生清洁工作，关好门窗、水龙头，检查仪器，断开电源，关闭气体，清理场地。

1.3　学生实验守则

为保证实验教学安全有序，达到实验目标，高质量完成实验教学任务，需制定学生实验守则。

（1）实验前参照实验指导书认真预习，掌握实验目的、原理、步骤以及实验注意事项。对于综合性实验项目，应按要求查阅相关文献并提交有关资料文件。

（2）应按规定或预约时间到指定实验室进行实验，并进行登记。因故不能实验者，应向指导教师请假，并及时联系补做实验。

（3）实验中应态度端正，严肃认真，仔细操作，积极思考，如实记录实验数据。实验失败或怀疑实验结果可向指导教师申请重做。

（4）实验中应服从指导教师或相关实验人员指导，遵守纪律，不得大声喧哗，不准吸烟和吃零食，不得随意动用与本项目无关的仪器设备。

（5）实验中应牢记安全注意事项。如遇突发事件，应按指导教师或相关实验人员安排有序撤出实验场所。

（6）爱护仪器设备，按章操作。仪器设备发生故障要及时报告，严禁私自处理拆卸。

如违规操作导致设备严重损坏,应按学校相关规定进行赔偿。

(7)实验中要节约水、电、气以及实验材料。

(8)实验结束后,整理好仪器设备、辅助器材及实验材料,经指导教师检查验收后方可离开实验室。

(9)应根据实验项目要求独立、认真及时完成实验报告。

1.4 实验数据处理

实验中测量得到的许多数据需要处理后才能表示测量的最终结果。对实验数据进行记录、整理、计算、分析、拟合等,从中获得实验结果和寻找物理量变化规律或经验公式的过程就是数据处理。它是实验方法的一个重要组成部分,是实验课的基本训练内容。本章主要介绍列表法、作图法、图解法、逐差法和最小二乘法。

1. 列表法

列表法就是将一组实验数据和计算的中间数据依据一定的形式和顺序列成表格。列表法可以简单明确地表示出物理量之间的对应关系,便于分析和发现资料的规律性,也有助于检查和发现实验中的问题,这就是列表法的优点。设计记录表格时要做到:

(1)表格设计要合理,以利于记录、检查、运算和分析。

(2)表格中涉及的各物理量,其符号、单位及量值的数量级均要表示清楚,但不要把单位写在数字后。

(3)表中数据要正确反映测量结果的有效数字和不确定度。列入表中的除原始数据外,计算过程中的一些中间结果和最后结果也可以列入表中。

(4)表格要加上必要的说明。实验室所给的数据或查得的单项数据应列在表格的上部,说明写在表格的下部。

2. 作图法

作图法是在坐标纸上用图线表示物理量之间的关系,揭示物理量之间的联系;作图法有简明、形象、直观、便于比较研究实验结果等优点,它是一种最常用的数据处理方法。

作图法的基本规则:

(1)根据函数关系选择适当的坐标纸(如直角坐标纸、单对数坐标纸、双对数坐标纸、极坐标纸等)和比例,画出坐标轴,标明物理量符号、单位和刻度值,并写明测试条件。

(2)坐标的原点不一定是变量的零点,可根据测试范围加以选择。坐标分格最好使最低数字的一个单位可靠数与坐标最小分度相当。纵横坐标比例要恰当,以使图线居中。

(3)描点和连线。根据测量数据,用直尺和笔尖使其函数对应的实验点准确地落在相应的位置上。一张图纸上画上几条实验曲线时,每条曲线应用不同的标记如"＋""×""?""△"等符号标出,以免混淆。连线时,要顾及数据点,使曲线呈光滑曲线(含直线),并使数据点均匀分布在曲线（直线）的两侧，且尽量贴近曲线。个别偏离过大的点要重新审核，属过失误差的应剔去。

（4）标明图名，即做好实验图线后，应在图纸下方或空白的明显位置处，写上图的名称、作者和作图日期，有时还要附上简单的说明，如实验条件等，使读者一目了然。作图时，一般将纵轴代表的物理量写在前面，横轴代表的物理量写在后面，中间用"，"连接。

（5）最后将图纸贴在实验报告的适当位置，便于教师批阅。

3. 图解法

在实验中，实验图线作出以后，可以由图线求出经验公式。图解法就是根据实验数据作好的图线，用解析法找出相应的函数形式。实验中经常遇到的图线是直线、抛物线、双曲线、指数曲线、对数曲线等。

特别是当图线是直线时，采用此方法更为方便。

由实验图线建立经验公式的一般步骤：

① 根据解析几何知识判断图线的类型；

② 由图线的类型判断公式的可能特点；

③ 利用半对数、对数或倒数坐标纸，把原曲线改为直线；

④ 确定常数，建立起经验公式的形式，并用实验数据来检验所得公式的准确程度。

4. 逐差法

对于等间距变化的物理量 x 进行测量和函数可以写成 x 的多项式时，可用逐差法进行数据处理。这种对应项相减，即逐项求差法简称逐差法。它的优点是尽量利用各测量数据，而又不减少结果的有效数字位数，是实验中常用的数据处理方法之一。

逐差法与作图法一样，都是一种粗略处理数据的方法，在普通实验中，经常要用到这两种基本的方法。在使用逐差法时要注意以下几个问题：在验证函数表达式的形式时，要用逐项逐差，不用隔项逐差。这样可以检验每个数据点之间变化是否符合规律。在求某一物理量的平均值时，不可用逐项逐差，而要用隔项逐差；否则中间项数据会相互消去，而只采用了收尾项的数据，白白浪费许多数据。

5. 最小二乘法

作图法虽然在数据处理中是一个很便利的方法，但在图线绘制上往往会引入附加误差，尤其在根据图线确定常数时，这种误差有时很明显。为了克服这一缺点，在数理统计中研究了直线拟合问题（或称一元线性回归问题），常用一种以最小二乘法为基础的实验数据处理方法。

最小二乘法求经验公式中的常数 a 和 b 的方法，是一种直线拟合法。它在科学实验中的运用很广泛，特别是有了计算机后，计算工作量大大减小，计算精度也能得到保证，因此它是很有用又很方便的方法。用这种方法计算的常数值 a 和 b 是"最佳的"，但并不是没有误差，它们的误差估算比较复杂。一般来说，一列测量值的 δ 大（即实验点对直线的偏离大），那么由这列数据求出的 a、b 值的误差也大，由此定出的经验公式可靠程度就低；如果一列测量值的 δ 小（即实验点对直线的偏离小），那么由这列数据求出的 a、b 值的误差就小，由此定出的经验公式可靠程度就高。

1.5　实验报告撰写规范及实验评分标准

实验报告能够集中反映学生实验完成情况、实验技能和数据处理能力,是评定实验课成绩的最主要依据。为规范实验报告的写作,方便教师评定成绩,需制定实验报告撰写规范及评分标准。

1. 撰写规范

(1)实验报告原则上应单面书于实验报告纸上。电子版报告应有封面并排版整齐。

(2)为便于报告保存,报告内容(图、表及文字)需用钢笔、签字笔等撰写,或者打印。

(3)实验报告必须包括以下几个部分:①实验题目;②报告日期,实验者专业、年级、班级、学号、姓名等;③实验目的及原理;④实验设备;⑤实验内容及步骤;⑥实验结果及数据处理;⑦讨论及结论。

(4)报告中所有的图、表、公式的绘制、编写和编号应规范。

(5)每份实验报告应单独装订成册。

(6)实验报告必须独立完成,不得抄袭。若发现实验报告雷同,则该实验报告以不及格处理,严重者可记为零分。

(7)若实验报告不符合上述规范,实验教师可视情况将报告退回给学生并要求其重写。

2. 评分标准

实验成绩由实验预习、实验过程和实验报告成绩综合构成,按百分制等级或五级评定。建议预习、实验过程和报告成绩按各占1/3加权处理,任课教师可按所授课程灵活掌握。

(1)实验预习评分

实验前认真预习,并将预习报告(或记录表格)提交指导教师检查;准确回答教师提问,预习报告内容完整,对实验内容相关知识点熟练掌握,可评为90分以上。按上述标准,有一定瑕疵,实验教师可参考要点,每点按5~10分酌情扣分。

(2)实验操作评分

实验过程中,能够严格遵守实验室各项规章制度,按规程操作仪器设备,听从教师的指导,服从实验管理人员正常管理,按照实验步骤的要求,正确、迅速、完整地完成实验,认真记录实验数据,完成实验后自觉整理实验设备,可评为90以上。按上述标准,有一定瑕疵,实验教师可参考要点,每点按5~10分酌情扣分。

有下列情况者加重扣分:

① 不按实验步骤要求和仪器操作要求,造成仪器损坏;

② 不遵守纪律,大声喧哗,扰乱课堂秩序。

(3)实验报告评分标准

实验报告内容完整,版面整洁,字迹工整,格式、图表符合规范,数据处理及分析正确,讨论合理,可评为90分以上。按上述标准,有一定瑕疵,实验教师可参考要点,每点按5~10分酌情扣分。对于重写实验报告,成绩最高评定不超过70分,并视报告的具体情况逐级递减。

第 2 章　材料成型基本检测实验

2.1　概　述

材料成型基本检测实验是为配合"材料成型测试技术"课程而进行的相关实验,包括电阻应变式传感器制作与标定及静态特性测定、金属坯料加热过程测试实验、计量光栅法测量位移、计算机数据采集系统集成等轧机扭矩无线遥测及分析分组实验。

测试技术(有时也称为检测技术)是测量技术和试验技术的总称。测量就是把被测对象中的某种信息检测出来,并加以度量,试验则是把被测量系统中存在的某种信息通过专门装置,以某种人为的方法激发出来,并加以测量。简言之,测试就是依靠一定的科学技术手段定量地获取某种研究对象中的原始信息的过程。这里所说的"信息"是指事物的状态或属性,如压力、温度、尺寸等即为材料成型过程中的基本信息。

测试技术是从 19 世纪末、20 世纪初发展起来的一门新型技术,迄今已发展成为一门领域相当宽广的学科。随着科学技术的发展,在工农业生产和科学研究中,各种测试技术日益广泛地应用于研究和揭示生产过程中产生的物理现象。当前,测试技术被广泛地应用于冶金、机械、建筑、航空、桥梁、化工、石油、农机、造船、水利、原子能,甚至地震预报、地质勘探、医学等领域。

材料成型过程测试技术在生产中起着至关重要的作用,越来越成为材料成型自动化生产的支柱。为了使学生能够对生产过程中所需的测试内容有所了解和掌握,材料成型测试技术课程注重理论知识与实践技能相结合,从系统性角度出发,全面而又有重点地对成型过程中的测试进行介绍。

课程从材料成型过程所需的动态测试和动态测试系统性两条主线出发,主要介绍了信号及其处理方法、测试系统、常用专门仪器、力参数测试方法等内容,目的在于使学生能掌握有关测试技术的基本理论和方法,了解一些测试技术的发展方向,并通过实际操作培养学生具有一定的实验技能,为下一步的各种材料成型技术的实验打下良好基础。

2.2　电阻应变式传感器制作　与标定及静态特性测定

1. 实验目的

(1)通过实验掌握电阻应变片粘贴技术和组桥连线方法,培养学生实际制作传感器的能力;

（2）掌握动态电阻应变仪和光线示波器或计算机采集系统的使用方法，培养学生实际操作测试仪器的能力；

（3）掌握测力传感器标定方法和测试装置静态特性的测定方法。

2. 实验原理和内容

（1）弹性元件的制备

包括磨光、清洗、烘干，应变片的外观检查和阻值分选，应变片的粘贴和组桥连线以及防潮处理。

（2）动态电阻应变仪的连线

实验室常用动态电阻应变仪有四个或六个通道，可同时测四路或六路信号。应变仪面板如图 2-1 所示。

电桥部分装在电桥盒内。电桥按 120 Ω 匹配设计，在电桥盒内有两个 120 Ω 的精密无感电阻和一个 1000PF 的云母电容器，电阻作为半桥测量时的内半桥，全桥测量时则将该两电阻断开；电容为电容平衡粗调，当电容平衡调节范围不够时，将接线柱"6"接到"1"或"3"上。在半桥和全桥测量时，电桥盒的接线如图 2-2 所示。

在待测传感器如图连接电桥盒后，将电桥盒的插头插入应变仪面板下部的"输入"插座内。应变仪背后的输出线接好后，输出线的另一端接到光线示波器相应的输入接线柱上，或接到计算机采集系统的端子板接线柱上。

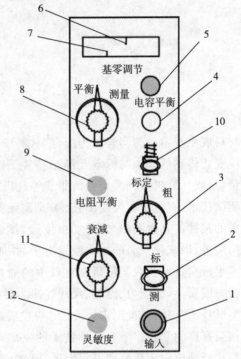

1—输入插头；2—标测开关；3—标定开关；
4—基零调节；5—电容平衡；6—输出电表；
7—平衡指示电表；8—输出开关；9—电阻平衡；
10—电阻平衡转换开关；11—衰减旋钮；12—灵敏度微调。

图 2-1　应变仪面板示意图

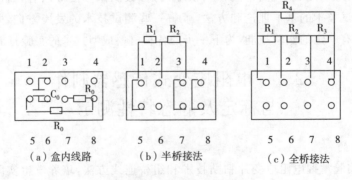

（a）盒内线路　　（b）半桥接法　　（c）全桥接法

图 2-2　电桥盒接线图

（3）应变仪平衡调节

先观察应变仪面板上输出表是否指零，如果不指零，调节"基零调节"电位器，使表针指零。

将"衰减"开关转到"100"，观察输出表和平衡指示表是否都指零，如果不指零，用"电阻平衡"和"电容平衡"调节到两个表针大致指零。之后将"衰减"开关依次转到"30""10""3""1"，将指针调零。如不能将指针调零，可将"电阻平衡"的"粗细"开关转到"细"，以增加预调平衡范围。如能使输出表针指零，而不能使平衡表针指零，则可利用电桥盒内的电容器，将接线柱"6"与"1"或"3"连接（由实验决定），再用"电容平衡"调节。

将"标测"开关转到"标"，调节"基零调节"，使输出表为零，用"标定"开关给出±30 微应变，调节"灵敏度"电位器使输出电表指向±7.5mA，此时即调到了额定灵敏度（不在额定灵敏度使用也是可以的，因而也可按示波器上波形的大小满足要求来调节"灵敏度"电位器）。

将"标测"开关转到"测"再检查一次平衡，如有不平衡则再次调到平衡。将"衰减"开关放到和预计的被测应变信号相适应的位置，将"输出"开关转到"测量 12"或"测量 16"（由使用的振子来决定），即可开始使用。

（4）光线示波器的使用

光线示波器利用细光束在感光纸上记录被测信号，是一种广泛应用的记录仪器。光线示波器振子是一个单自由度二阶扭振系统。

振子均采用具有高灵敏度的线圈式结构一起插入公共的磁系统内，磁系统装有恒温装置，使振子的工作温度经常保持在(45 ± 5)℃，磁系统上装有能使振子做俯仰及转动的活动极靴，当调整后可以用止动螺钉固定。

振子选择要考虑振子的幅频特性，被测频率与振子固有频率之比越大，振幅误差也越大。常用振子型号及相应技术参数见表 2-1 所列。

表 2-1　常用振子型号及相应技术参数

振子型号	固有频率 （Hz）	工作频率 （Hz）	直流灵敏度 （mm/mA）	内阻（Ω）	外阻（Ω） $\beta=0.7$ 时	最大允许 电流（mA）	保证线性最大振幅 （mm）
FC6-120	120	0~65	840	55 ±10	275 ±125	0.2	±3％±100
FC6-400	400	0~200	72	50 ±10	27.5 ±12.5	2	±3％±100
FC6-1200	1200	0~400	12	20 ±4		5	±3％±50
FC6-2500	2500	0~800	2.45	16 ±4		30	±3％±50
FC6-5000	5000	0~1700	0.45	12 ±4		80	±3％±30

振子安装时要考虑尽量减少圆弧误差，尽量使振子的顺序与光点的位置相适应。使用时打开电源开关，预热 10~30 分钟，再按起辉电钮。注意：突然熄灭或关断熄灭后，不能马上再次起辉，必须等 10 分钟后灯泡冷却才能再次起辉。根据需要用专用工具松开振子紧固螺钉，转动振子或调整其仰角，以调节各光点在记录纸上的位置。

根据被测信号的频率及变化速度选择合适的纸速及时标。根据信号的大小及纸速快慢调节光点光栅和分格线光栅的亮度,以达到良好的记录效果。按下电机按钮锁牢,将定长按钮调节到所需要记录长度的位置,按下或锁牢拍摄按钮,记录纸送出定长长度后自动停拍。放开拍摄按钮,准备下次拍摄用。

(5)自制压力传感器标定

对自制压力传感器进行标定,就是用材料实验机给出一系列标准载荷作用在传感器上,记录每次加载时的载荷 p,同时用光线示波器记录相应的光点偏移量 y,或用计算机数据采集系统记录相应载荷下应变仪输出电压,做出标定曲线(即 $y\text{-}p$ 或 $V\text{-}p$ 关系曲线),从而确定出标准载荷与输出信号之间的对应关系,以此关系来度量传感器所承受的未知载荷大小。

(6)测试装置静态特性测定

测试装置的静态特性,指对于静态信号,测试装置的输出量与输入量之间所具有的相互关系。静态特性指标主要有灵敏度、线性度和回程误差。

① 灵敏度:对于采用压力传感器的应变仪、示波器系统来说,灵敏度为当压力有一个微变量 $\mathrm{d}p$,引起振子光点偏移量发生微变 $\mathrm{d}y$ 时,它们的比值,即

$$K=\frac{\mathrm{d}y}{\mathrm{d}p} \tag{2-1}$$

通过静态标定得到的标定曲线即为灵敏度曲线,因此,灵敏度可定义为标定曲线的斜率。

② 线性度:把标定曲线与理论直线的偏离程度称为测试装置的线性度,用标定曲线偏离理论直线的最大偏差的百分比来表示。理论直线可用回归方法加以确定,即

$$线性度=\frac{|最大偏差|}{输出信号变化范围}\times100\% \tag{2-2}$$

③ 回程误差:在同样的测试条件下,输入信号在由小增大和由大减小的过程中,测试装置会出现输入同样大小的信号而得到不同的两个输出信号。其最大差值称为滞后量,即

$$回程误差=\frac{滞后量}{输出信号变化范围}\times100\% \tag{2-3}$$

回程误差主要是由测试装置中磁性材料的磁化现象和弹性元件材质的疏松等因素造成。因此,测试时应避免强磁区,传感器在标定前要预受力数次。

3. 实验设备及工具和材料

(1)仪器:兆欧表、万用表、惠斯顿电桥、动态电阻应变仪、光线示波器或计算机数据采集系统、万用材料试验机;

(2)工具:放大镜、红外线灯、电烙铁、镊子、传感器、振子等;

(3)材料:应变片、502胶水、丙酮、酒精、砂纸、药棉、塑料薄膜、电线、套管、记录纸等。

4. 实验方法与步骤

(1)传感器制作

● 外观检查:查看 5 倍以上放大镜检查应变片本体是否完整,有无霉点和锈斑,引线是否牢固。

● 阻值分选:先用万用表测量应变片是否短路、断路,然后再用惠斯顿电桥精确测量应变片阻值并记录。

QJ-23 型直流单电桥主要由比例臂、比较臂、检流计等组合而成。使用时首先检查一下断路片是否正确接好(说明在底板),调节检流计指针和零线重合。估计被测片的阻值,依此选好比例臂值,将被测应变片接到"RX"两接线柱上,适当选择比较臂值,使按钮"B"和"C"闭合,看检流计指针的偏转方向,如向正偏,则加大比较臂值,反之减少比较臂值,直至检流计指针不动。此时,所测应变片的阻值即为

$$R = 比例臂值 \times 比较臂值 \qquad\qquad (2-4)$$

● 配桥:要求组成桥臂各臂阻值大致相等,最大误差不应超过 0.2Ω。注意利用"和差特性"。

● 贴片部位的表面处理:首先用砂纸将该表面打光,交叉打磨的纹路应与应变片的轴线成 $45°$ 角。再用镊子夹药棉沾丙酮和酒精擦洗,直至药棉没有黑迹为止。

● 划线定位:为保证应变片粘贴位置准确,用铅笔将定位线划在试件表面上。为避免端部效应对应变分布的影响,贴片位置不要太靠端部;同时要注意留出贴接线端子的位置。

● 贴片:烘干贴片部位表面,将 502 胶水分别涂抹在应变片表面和试件表面,小心粘贴在预定部位,用透明塑料薄膜覆盖在应变片上,用拇指从应变片一端到另一端轻轻挤压,挤压出多余胶水和气泡。需要注意的是:要分清应变片的正反面,正面向上;否则,将造成对弹性元件短路。

● 粘贴端子:为防止在焊接组桥时将应变片的引出线拉断,要在应变片的附近粘贴端子,引出线要加套管。

● 粘贴质量检查:应变片贴完后,要进行外观、阻值和绝缘检查。阻值应无太大改变,绝缘电阻应在 $100M\Omega$ 以上。

● 组桥连线:先将引出线固定在端子上,再按设计好的组桥连线图进行焊接连线。考虑电线分布电容,电路线长短要适宜,布置要均匀,严防虚焊。再一次检查阻值和绝缘。

● 防潮处理:用绝缘绸布将整个桥路包好,再包上白布带,最后用石蜡将弹性元件的表面封好,写上班级姓名,以待使用。

(2)仪器使用及平衡调节

● 将电桥盒与应变仪连线接上,并接好应变仪与电源供给器和示波器的连线。

● 将传感器接到电桥盒上。

● 连接应变仪的电源,打开应变仪电源开关预热。

● 平衡调节。

● 打一次电标定,记录所对应毫安值,即将测标开关置于标定一侧,标定旋钮打在 $30\mu\varepsilon$、$100\mu\varepsilon$、$300\mu\varepsilon$ 的位置,分别记录所对应的毫安值。

● 选择振子并安装。注意应变仪测量旋钮挡位应对应所选振子:FC6‐5000对应测量12挡,FC6‐2500对应测量16挡,FC6‐1200对应测量20挡。

● 装入记录纸,再打一次电标定,输入光线示波器FC6‐1200振子内,调整应变仪输出衰减,观察光点双振幅,拍摄一段记录波形,曝光后观察所记录波形。

(3)传感器标定及静态特性测试

● 连接应变仪、示波器(或计算机采集系统)和传感器。

● 应变仪调平衡。

● 将传感器放在材料试验机上,对正中心。

● 开动试验机,慢慢加载。由零载到额定载荷之间预加载2~3次,预加载最大负荷为8吨,以消除传感器各部件之间的间隙和滞后,改善其线性。在加载过程中根据输出信号的大小调整应变仪的衰减挡。应变仪的线性输出范围为0~50mA,应在此范围的40%~80%为宜。

● 进行标定前的第一次电标定。

● 对传感器进行正式标定加载,将额定载荷分成若干梯度,每梯度0.5吨,由零载荷到额定载荷按梯度加载,将每个梯度载荷要稳定5~10秒,以便读取输出值。

● 加载到额定载荷后,按同样梯度卸载,记录卸载时的输出值。

● 检查传感器输出信号是否正确。

● 经检查无误后,进行标定后的第二次电标定。

5. 实验数据记录项目

(1)仪器工作状态记录

具体记录项目如下:

● 传感器编号;

● 应变仪通道号和衰减挡位及测量挡位;

● 记录仪振子型号或采集系统通道号;

● 第一次电标　$\pm\mu\varepsilon mA$;

● 第二次电标　$\pm\mu\varepsilon mA$。

(2)实验数据记录(见表2‐2所列)

表2‐2　实验数据记录

加载(kN)	10	20	30	40	50	60	70	80	90	100
光点偏移(mm)或电压(V)										
卸载(kN)	100	90	80	70	60	50	40	30	20	10
光点偏移(mm)或电压(V)										
滞后量(mm或V)										
偏差(mm或V)										

6. 实验报告要求

(1)简述贴片、连线、检查等主要步骤。

(2)画出 4 片应变片(两片工作片、两片补偿片)组成全桥的组桥原理图和连线图。

(3)简述应变仪、示波器使用主要操作步骤及连线方法,振子的选择原则,传感器平衡调节的步骤。

(4)将标定加载记录数据和卸载记录数据填入表格。

(5)画出标定曲线,求出灵敏度。

(6)做出回归曲线,求出线性度。

(7)画出加-卸载曲线,求出回程误差。

2.3 金属坯料加热过程测试实验

1. 实验目的

(1)了解热电偶测温原理、方法和应用。

(2)了解热电偶在钢的加热及热处理过程中的温度测试方法。

2. 实验原理

热电偶测量温度的基本原理是热电效应。将 A 和 B 两种不同的导体首尾相连组成闭合回路,如果两连接点温度(T,T_0)不同,则在回路中就会产生热电动势,形成热电流,这就是热电效应。热电偶就是将 A 和 B 两种不同金属材料的一端焊接而成。A 和 B 称为热电极,焊接的一端是接触热场的 T 端称为工作端或测量端,也称热端;未焊接的一端(接引线)处在温度 T_0 的称为自由端或参考端,也称冷端,如图 2-3 所示。T 与 T_0 的温差愈大,热电偶的输出电动势愈大;温差为 0 时,热电偶的输出电动势为 0。因此,可以用测热电动势大小测量温度。

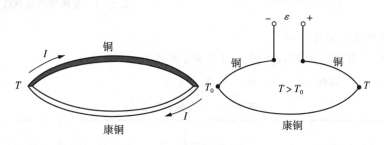

图 2-3 热电偶示意图

国际上,根据热电偶的 A、B 热电极材料不同将其分成若干分度号,如常用的 K(镍铬-镍硅或镍铝)、E(镍铬-康铜)、T(铜-康铜)等,并且有相应的分度表即参考端温度为 0℃ 时的测量端温度与热电动势的对应关系表,可以通过测量热电偶输出的热电动势值再查分度表得到相应的温度值。

常用热电偶分度号较多,钢温测试中应用最广泛的是 S 型和 K 型热电偶。

铂铑 10-铂热电偶(S 型热电偶)为贵金属热电偶。偶丝直径规定为 0.5mm,允许偏差-0.015mm,其正极(SP)的名义化学成分为铂铑合金,其中含铑为10%,含铂为90%;负极(SN)为纯铂,故俗称单铂铑热电偶。该热电偶长期最高使用温度为1300℃,短期最高使用温度为1600℃。S型热电偶在热电偶系列中具有准确度最高、稳定性最好、测温温区宽、使用寿命长等优点。它的物理性能、化学性能良好,热电势稳定性及在高温下抗氧化性能好,适用于氧化性和惰性气氛中。由于S型热电偶具有优良的综合性能,符合国际使用温标的S型热电偶,长期以来曾作为国际温标的内插仪器,虽规定"ITS-90"今后不再作为国际温标的内查仪器,但国际温度咨询委员会(CCT)认为S型热电偶仍可用于近似实现国际温标。S型热电偶的不足之处是热电势率较小,灵敏度低,高温下机械强度下降,对污染非常敏感,贵金属材料昂贵,因而一次性投资较大。

镍铬-镍硅热电偶(K型热电偶)是目前用量最大的廉金属热电偶,其用量为其他热电偶的总和。正极(KP)的名义化学成分为Ni:Cr=90:10,负极(KN)的名义化学成分为Ni:Si=97:3,其使用温度为-200~1300℃。K型热电偶具有线性度好、热电动势较大、灵敏度高、稳定性和均匀性较好、抗氧化性能强、价格便宜等优点,能用于氧化性惰性气氛中。K型热电偶不能直接在高温下用于还原性或还原氧化交替的气氛中和真空中,也不推荐用于弱氧化气氛中。

3. 实验设备

高温测试仪,热电偶焊接机,K型热电偶,加热炉。

4. 实验步骤

(1)将已经过校准的K型热电偶焊接到钢坯上;

(2)给K型热电偶穿入瓷珠;

(3)设置高温测试仪采样频率、延迟等技术参数;

(4)将K型热电偶连接至温度测试仪;

(5)将高温测试仪和钢坯一同送入加热炉中进行加热(如图2-4所示);

(6)加热完毕后,读出数据,画出金属坯料的加热曲线。

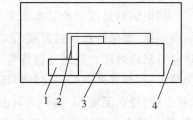

1—高温测试仪;2—热电偶;
3—钢坯;4—加热炉。

图2-4　金属坯料加热过程温度测试

5. 实验记录及数据处理

(1)将在线钢温测试仪数据导入计算机,并找出关键温度点。实验数据记录表见表2-3所列。

表2-3　实验数据记录表

温度	1	2	3	4	5	6	7
记录时间							

(2)横坐标为时间,纵坐标为温度,绘制温度变化曲线。

6. 实验报告要求

(1)简述实验过程;

(2)绘制温度变化曲线;

(3)论述钢坯温度测试的意义。

2.4　计量光栅法测量位移

1. 实验目的

深入理解莫尔条纹现象以及利用莫尔条纹测量位移的原理。

2. 实验原理

当两块具有相同栅距的光栅叠合在一起，且它们的刻线之间保持一个很小的夹角 θ 时，那么在刻线重合处将形成亮带，在刻线错开处将形成暗带，莫尔条纹形成原理如图 2-5 所示。

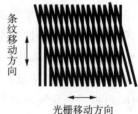

图 2-5　莫尔条纹形成原理示意

设 a 为刻线宽度，b 为同一光栅两条刻线之间的缝宽，则栅距：

$$W = a + b \qquad (2-5)$$

栅距 W 也称为光栅常数。当

$$a = b = \frac{W}{2} \qquad (2-6)$$

时，暗带是全黑的。条纹的宽度 B 与栅距 W 及倾角 θ 之间有如下关系：

$$B = \frac{W}{\theta} \qquad (2-7)$$

由于 θ 角很小，莫尔条纹近似与两块光栅都垂直，称为横向莫尔条纹。对横向莫尔条纹，有如下结论：

(1)当光栅沿垂直方向移动时，莫尔条纹将沿与平行刻线方向移动；

(2)当光栅移动一个栅距 W，条纹也随之移动一个条纹宽度 B。

在测量位移时，主光栅与运动物体连在一起，随之运动。主光栅大小与测量范围一致。指示光栅固定不动，为很小的一块。在主光栅外侧加电光源和光电元件。当光栅随运动物体移动时，产生莫尔条纹也随之移动，光电元件接收到的光强将随莫尔条纹的移动而变化。光电元件把这种光强的变化转换成电信号。当光栅移动一个栅距 W，相应莫尔条纹移动一个宽度 B，则电信号变化一个周期。只要记录信号波形变化的周期数 N，就可知道光栅位移量 X，即

$$X = N \cdot W \qquad (2-8)$$

3. 实验设备和工具

(1)光栅两块，反射镜一块；

(2)滑轨和位移调节控制装置一套；

（3）光电反射式传感器一个；

（4）电子计数器一台。

4. 实验方法和步骤

（1）调校电子计数器，对照自校表数据校正；

（2）选定测量时间；

（3）将测量旋扭旋转到测频；

（4）连接光电反射传感器与电子计数器；

（5）将指示光栅和反射镜固定，注意光栅和镜片要垂直于传感器射出的光线；

（6）打开光电传感器电源，使光电反射传感器光源聚焦对准指示光栅和反射镜，并注意从反射镜片反射过来的光线要能够准确反射到传感器的视窗内；

（7）移动主光栅，记录在规定时间内的周期数；

（8）根据所记录周期数计算在规定时间内的位移；

（9）反复多次测量和计算，求得均值。

5. 实验报告要求

（1）简述莫尔条纹形成及利用其测量位移的原理；

（2）简述实验过程；

（3）计算测量结果及分析。

2.5　计算机数据采集系统集成

1. 实验目的

通过实际操作使学生熟悉计算机数据采集系统的软硬件组成和实际数据采集系统的集成过程与方法，初步掌握 LABVIEW 的使用方法。

2. 实验原理

（1）计算机数据采集系统

计算机数据采集是设定对象（过程）的有关参数（如温度、压力、流量和转角等），并通过输入通道，把模拟量变成数字量（也可直接输入数字量）送给计算机处理。计算机数据采集系统的基本构成如图 2-6 所示。

本实验采用数据采集卡，模拟信号输入为 5V 以下直流电压。信号通过端子板接入采集卡。

采集软件系统采用过程控制与数据采集系统 LABVIEW 软件包，由用户制定策略并实时运行。

（2）控制与数据采集系统 LABVIEW 简介

LABVIEW 在 WINDOWS 环境下运行，是一个功能全面、应用灵活、适用于各种自动化应用的数据采集和控制软件包，由用户设计制定实时自动化控制策略，实现系统监视和动态控制。在策略编辑器中提供了工业标准数学模型库和控制功能库，

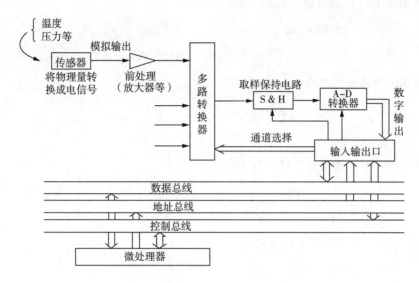

图 2-6　计算机数据采集系统的基本构成图

该功能库使用图标模块表示,用户只需将图标模块在策略编辑器中进行排列、连接,然后绘制动态显示图即可。软件通过 WINDOWS 的 DLL 动态连接库直接支持 I/O 硬件设备。

创建一个过程控制/采集策略的典型过程包括以下几个步骤:

① 使用鼠标在策略编辑器的工具箱中选出并排列必要的图标模块。策略编辑器是一个基于图标的设计环境,设计时使用工具箱建立控制或采集所需的图标模块,并可进行配置和查看。

② 使用工具箱中的连接线将各个模块连接起来以完成所需的控制/采集策略。

③ 在屏幕上双击每个图标模块从而对模块参数进行配置。

④ 进入显示编辑器设置每个显示选项。在策略编辑器中双击显示模块即可激活显示编辑器。显示编辑器用于创建控制或采集的显示操作面板,在策略运行时提供动态显示画面。用户可以创建类似于测试设备或工业过程显示的面板。

LABVIEW 运行软件模块利用 WINDOWS 提供的多任务操作环境,把操作面板上的显示组件与预先制定的策略逻辑流程连接起来,实时运行用户的策略,从硬件 I/O 设备输入采集数据,对数据进行记录、图表显示、重放和处理。

3. 实验设备及工具和材料

(1)直流电压电源;

(2)计算机、采集卡、端子板、打印机;

(3)LABVIEW 和 ORIGIN 应用软件包。

4. 实验方法和步骤

(1)硬件集成

● 连接计算机、端子板,检查其连线;

● 检查直流电压电源,应在 5V 以下;

● 采集卡 I/O 口地址设定(220—22F):

SW1: 0　0　0　1　0　×

A8　A7　A6　A5　A4　A3

● 采集卡等待状态选择:

SW1: 0　　0　　0

A2　A1　A0

● 采集卡 DMA 通道选择(No DMA):

JP6　　　　　　　　　　JP7

1　3　×　　　　　1　3　×

○　○　⌐○　　　○　○　⌐○

○　○　└○　　　○　○　└○

● 采集卡触发源选择(Inter pacer trigger):

JP1

INT　⌐○

TRG　└○

EXT　○

● 计数器时钟选择(Internal 2MHz clock):

JP2

INT　⌐○

CLK　└○

EXT　○

● 中断优先级选择(No interrupt):

JP5

2　3　4　5　6　7　×

○　○　○　○　○　○　⌐○

○　○　○　○　○　○　└○

● A/D 转换最大电压输入范围(A/D convert maximum input range is+/−5V):

JP9

10　5　0

○　○　○

└──┘

采集卡结构及各跳线位置如图 2-7 所示。

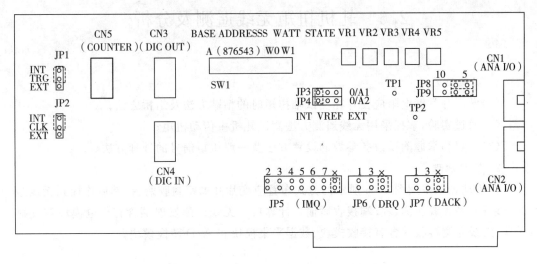

图 2-7 采集卡结构及各跳线位置示意图

(2)软件集成

要求：

● 有模拟量输入模块(AI)；

● 有数据文件输入记录模块；

● 有时间输入模块；

● 显示部分要有模拟量的数据和图形显示以及时间显示；

● 数据文件记录的电压采集数据要能够输入 ORIGIN 处理,并画出图形。

(3)步骤

● 打开计算机,进入 WINDOWS 环境,点击 LABVIEW 图标,进入 LABVIEW 软件包,再点击策略编辑器图标,进入策略编辑器；

● 规划策略的构成,调出所需模块编辑策略,双击各策略模块图标,设定其参数；

● 双击显示模块图标,进入显示编辑器,规划各种显示方式的构成,调出所需显示模块,编辑显示,双击各显示方式图标,设定其参数；

● 试运行策略,对有错误的策略模块设定进行修改；

● 点击 LABVIEW 运行模块图标,接入直流电压输入,进入数据检测；

● 检测完毕,检测的数据将自动存入数据文件；

● 退出 LABVIEW,调用 ORIGIN 数据处理软件包,对检测到的数据进行处理和打印输出。

5.实验报告要求

(1)简述计算机数据采集系统的集成步骤；

(2)画出直流电压数据采集策略构成图；

(3)给出采集数据及经过 ORIGIN 处理的数据图表。

2.6　轧机扭矩无线遥测及分析

1. 实验目的

(1)学习并掌握电阻应变片在测试轴扭矩时的粘贴方法及组桥方法;

(2)通过实验,掌握采用无线遥测方法测试轧机主传动扭矩;

(3)了解和掌握测试设备参数的设置方法及一般扭矩信号的处理方法。

2. 实验原理

在传动轴上采用图 2-8 所示的方式布置应变片并加密封胶密封,然后连接到无线遥测发射端,经无线遥测接收端接收后输入计算机。无线遥测发射端含有供电模块和发射模块,无线遥测接收端含有接收模块、数据采集模块和 A/D 转换模块。

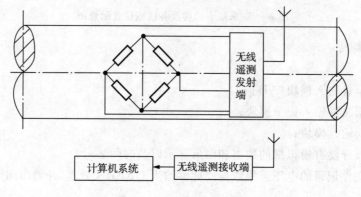

图 2-8　扭矩测试示意图

在计算机测试软件中设置各项参数,主要有应变片灵敏度、传动轴直径、泊松比以及采样频率等。

最后对采集到的信号进行傅立叶变换等分析。

无线遥测系统框图如图 2-9 所示。

3. 实验设备、工具和材料

(1)无线遥测测试系统一套;

(2)实验轧机;

(3)电阻应变片及贴片工具。

4. 实验方法和步骤

(1)检查轧机状态良好;

(2)按图 2-8 所示粘贴应变片,组成测试系统;

(3)开启计算机,打开测试软件,设置测试所需的各项参数,通道清零;

(4)测试软件开始采集,开启实验轧机;

(5)取铅试样,进行轧制;

(6)保存数据,关闭测试软件,对所采集信号进行分析。

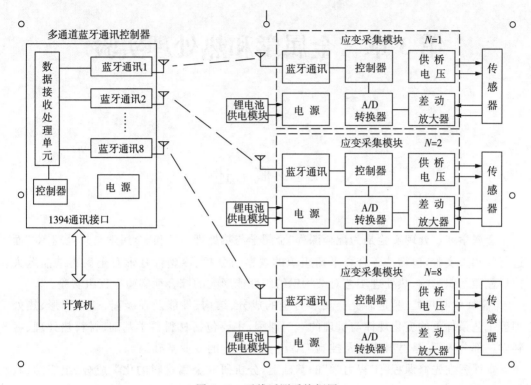

图 2-9 无线遥测系统框图

5. 实验数据记录

(1)应变;

(2)扭矩。

6. 实验报告要求

(1)简述实验过程;

(2)给出轧制过程中扭矩的最大值、最小值;

(3)对所采集信号进行概率统计分析,给出功率频谱图;

(4)简述轧机扭矩测试的意义。

第3章　金属学和热处理实验

3.1　概　述

　　金属学和热处理实验是为配合课程"金属学与热处理 A_1"和"金属学与热处理 A_2"而进行的相关实验,包括铁碳合金平衡组织的观察与分析、冷塑性变形对金属再结晶退火前后显微组织影响、热处理工艺对结构钢组织性能影响的综合性实验等三组实验。

　　"金属学与热处理"是研究金属和合金的成分、结构、性能及在凝固、塑性变形、热处理等工艺条件下的变化规律与机理的一门课程,主要包括材料科学基础、材料热处理、材料学三部分内容,是材料成型及控制工程专业本科生的专业基础课。

　　本课程在先修课程"工程力学"的基础上,分析研究金属材料的化学成分、组织结构、加工工艺、性能与使用等四要素,以及四要素之间的相互关系、基本规律与控制原理,为金属材料在冶金、成型、热处理等工艺中的组织性能控制提供基本理论与工艺基础。

　　金属学与热处理 A_1 课程主要包含材料科学基础内容,通过本课程的学习,使学生掌握有关材料科学基础等材料学方面的基本理论和基本的实验技能,为后续金属学与热处理 A_2、塑性加工、金属凝固理论与铸造工程学、控制轧制与控制冷却等有关专业课的学习,以及日后的科研、技术工作打下坚实的基础,掌握必需的材料科学与工程的分析与研究方法。具体要求如下:

　　(1)掌握金属学原理中的结构与缺陷、组织结构与成分间的关系、性能与组织结构及成形工艺间的关系;

　　(2)掌握金属学原理中关于塑性变形与断裂的条件及其与组织、性能的关系,冷变形金属及合金在加热过程中组织转变及性能变化规律,并能根据材料的性能要求进行相应的设计,分析确定其关键影响因素;

　　(3)掌握金属学原理中化学成分与组织和性能间的关系,成形工艺与组织结构、性能间的关系,具备一定的数据分析和处理的能力。

　　"金属学与热处理 A_2"课程主要包含材料热处理与材料学内容。课程须先修"金属学与热处理 A_1"课程,以具备一定的材料科学基础的相关理论与知识作为课程学习的基础。

　　通过本课程的学习,使学生掌握有关热处理原理与工艺以及金属合金化原理等材料学方面的基本理论和基本的实验技能,为后续塑性加工、金属凝固理论与铸造工程学、控制轧制与控制冷却等有关专业课的学习,以及日后的科研、技术工作打下坚实的基础,掌握必需的材料科学与工程的分析与研究方法。

通过本课程学习,使学生毕业后具备一定的采用科学方法对复杂工程问题进行研究的能力。具体要求如下:

(1)掌握金属材料中扩散、固态相变的原理及作用机理,并能阐明工艺、组织与性能间的关系。

(2)掌握金属学原理中合金化学成分设计以及开发的基本原理,材料性能与热处理工艺间的关系,能够根据材料的性能要求确定相应的热处理工艺方案,并能确定其关键因素。

(3)掌握金属学原理中性能与组织结构、化学成分、热处理工艺间的关系;具备一定的分析和处理问题的能力。

铁碳合金平衡组织的观察与分析实验对应铁碳合金的组织及基本相的学习;冷塑性变形对金属再结晶退火前后显微组织影响的实验对应塑性变形对组织和性能的影响的学习;热处理工艺对结构钢组织性能影响的实验是综合性实验,对应钢的热处理工艺的内容。通过实验训练,不仅能够帮助学生深入理解课本上的内容,同时对于培养学生的实际应用能力有着无法替代的作用。

3.2　铁碳合金平衡组织的观察与分析

1. 实验目的

(1)认识和熟悉铁碳合金平衡状态下的显微组织特征;

(2)了解含碳量对铁碳合金平衡组织的影响,建立起 Fe-Fe₃C 状态图与平衡组织的关系;

(3)了解平衡组织的转变规律并能应用杠杆定律。

2. 实验原理

平衡状态是指铁碳合金在极为缓慢的冷却条件下完成转变的组织状态。在实验条件下,退火状态下的碳钢组织可以看成是平衡组织。

表 3-1 列出各种铁碳合金在室温下的显微组织。在室温下碳钢和白口铸铁的组织都是由铁素体和渗碳体两种基本相构成。但是由于含碳量不同、合金相变规律的差异,致使铁碳合金在室温下的显微组织呈现出不同的组织类型。图 3-1 是以组织组成物表示的铁碳合金相图。

表 3-1　各种铁碳合金在室温下的显微组织

合金分类		含碳量/%	显微组织
工业纯铁		<0.0218	铁素体(F)
碳钢	亚共析钢	0.0218~0.77	F+珠光体(P)
	共析钢	0.77	P
	过共析钢	0.77~2.11	P+二次渗碳体(C$_{II}$)

（续表）

合金分类		含碳量/%	显微组织
白口铸铁	亚共晶白口铸铁	2.11~4.3	P+C$_\text{II}$＋莱氏体(Le)
	共晶白口铸铁	4.3	Le
	过共晶白口铸铁	4.3~6.69	Le＋一次渗碳体(C$_\text{I}$)

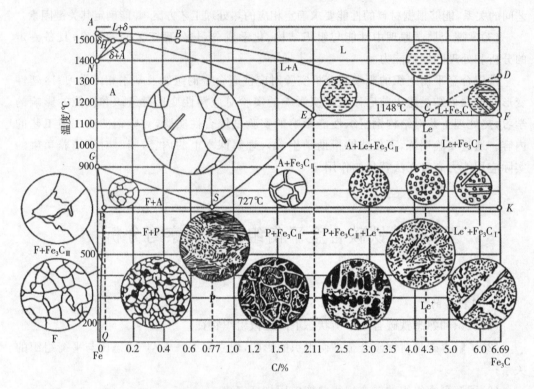

图 3-1　以组织组成物表示的铁碳合金相图

铁碳合金显微组织中，铁素体和渗碳体两种相经硝酸酒精溶液浸蚀后均呈白亮色，而它们之间的相界则呈黑色线条。采用煮沸的碱性苦味酸钠溶液浸蚀，铁素体仍为白色，而渗碳体则被染成黑色。

铁碳合金的各种基本组织特征如下：

（1）工业纯铁

含碳量小于 0.0218％的铁碳合金称为工业纯铁，其显微组织为单相铁素体或"铁素体＋极少量三次渗碳体"。当显微组织为单相铁素体时，显微组织由亮白色的呈不规则块状晶粒组成，黑色网状线即为不同位向的铁素体晶界，如图 3-2(a)所示。当显微组织中有三次渗碳体时，则在某些晶界处看到呈双线的晶界线，表明三次渗碳体以薄片状析出于铁素体晶界处，如图 3-2(b)所示。

（2）碳钢

碳钢按含碳量的不同，将组织类型分为三种：共析钢、亚共析钢和过共析钢，其组织特征如下：

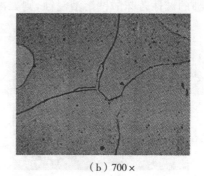

（a）250×　　　　　　　　　　　　　　（b）700×

图 3-2　工业纯铁的显微组织

① 共析钢

含碳量为 0.77％的铁碳合金称为共析钢，其显微组织是珠光体。珠光体是层片状铁素体和渗碳体的机械混合物。两相的相界是黑色的线条，在不同放大倍数条件下观察，则具有不同的组织特征，在高倍数（>500 倍）电镜下观察时，能清晰地分辨珠光体中平行相间的宽条铁素体和细片状渗碳体，如图 3-3(a)所示。在 300～400 倍光学显微镜下观察时，由于显微镜的鉴别能力小于渗碳体片厚度，这时所看到的渗碳体片就是一条黑线，如图 3-3(b)所示。珠光体有类似指纹的特征。

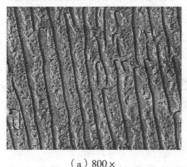

（a）800×　　　　　　　　　　　　　　（b）300×

图 3-3　共析钢的珠光体组织

② 亚共析钢

含碳量为 0.0218％～0.77％的铁碳合金称为亚共析钢，室温下的显微组织是"铁素体＋珠光体"。铁素体呈白色不规则块状晶粒，珠光体在放大倍数较低或浸蚀时间长、浸蚀液浓度加大时，则为黑色块状晶粒，如在亚共析钢的组织中，随着含碳量的增加，组织中的珠光体量也增加（如图 3-4 所示）。在平衡状态下，亚共析钢组织中的铁素体和珠光体的相对量可应用杠杆定律计算。通过在显微镜下观察组织中珠光体和铁素体各自所占面积的百分数，可以近似估算出钢的含碳量，即钢的含碳量≈P（面积％）×0.77％。

③ 过共析钢

含碳量为 0.77％～2.11％的铁碳合金称为过共析钢，室温下的显微组织为"珠光体＋二次渗碳体"。二次渗碳体呈网状分布在原奥氏体的晶界上，随着钢的含碳量增加，二次渗碳体网加宽，用硝酸酒精溶液浸蚀时，二次渗碳体网呈亮白色，如图 3-5(a)所示。

若用煮沸的碱性苦味酸钠溶液浸蚀，则二次渗碳体呈黑色，如图3-5(b)所示。

（a）20钢　　　　　　　　　　　　　　（b）45钢

图3-4　亚共析钢的显微组织(300×)

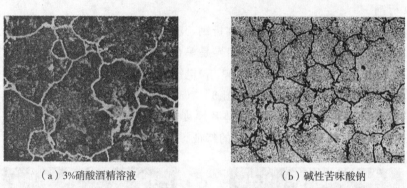

（a）3%硝酸酒精溶液　　　　　　　　　（b）碱性苦味酸钠

图3-5　过共析钢的显微组织(300×)

（3）白口铸铁

白口铸铁的含碳量为2.11%～6.69%。在白口铸铁的组织中含有较多的渗碳体相，其宏观断口呈白亮色，因而得名。按含碳量不同，其组织类型也分为三种：共晶白口铸铁、亚共晶白口铸铁和过共晶白口铸铁。

① 共晶白口铸铁

共晶白口铸铁的含碳量为4.3%，室温显微组织是低温莱氏体。低温莱氏体是珠光体和渗碳体的机械混合物，如图3-6所示。其中白亮的基体是渗碳体，显微组织中的黑色细小颗粒和黑色条状的组织是珠光体。

② 亚共晶白口铸铁

亚共晶白口铸铁的含碳量为2.11%～4.3%，室温的显微组织是"珠光体＋二次渗碳体＋莱氏体"，如图3-7所示。图中较大块状黑色部分是珠光体，呈树枝状分布，其周边的白亮轮廓为二次渗碳体，在白色基体上分布有黑色细小颗粒和黑色细条状的组织是莱氏体。通常二次渗碳体与共晶渗碳体（即莱氏体中的渗碳体）连在一起，又都是白亮色，因此难以明确区分。

③ 过共晶白口铸铁

过共晶白口铸铁的含碳量为4.3%～6.69%，其室温显微组织为"莱氏体＋一次渗碳体"，如图3-8所示。图中呈白亮色的大板条状（立体形态为粗大片状）的是一次渗碳体，其余部分为莱氏体。

 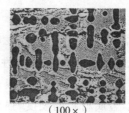 

（100×）　　　　　　　（100×）　　　　　　　（200×）

图 3-6　共晶白口铸铁　　　图 3-7　亚共晶白口铸铁　　　图 3-8　过共晶白口铸铁

3. 实验内容

观察十种试样,根据铁碳合金相图判断各组织组成物,区分显微镜下看到的各种组织。工业纯铁试样 1 个、亚共析钢试样 3 个、共析钢试样 1 个、过共析钢试样 2 个、亚共晶白口铸铁试样 1 个、共晶白口铸铁试样 1 个、过共晶白口铸铁试样 1 个。

4. 实验仪器和材料

(1)金相显微镜;

(2)标准金相试样。

5. 实验步骤

(1)调整好金相显微镜;

(2)观察标准金相试样,并区分相关组织。

6. 实验报告要求

(1)写出实验过程;

(2)画出你观察到的试样的组织图,标明各组织组成物名称、材料名称、处理条件、浸蚀剂、放大倍数等(不要将划痕、夹杂物、锈蚀坑等画到图上)。

(3)计算碳钢(亚共析钢试样 2 个、共析钢试样 1 个、过共析钢试样 1 个)室温下各组织组成物的相对重量。

(4)讨论铁碳合金含碳量与组织的关系。

7. 注意事项

金相显微镜的成像原理可参阅有关书籍。实验课上所用的显微镜已经调整好了,观察时只要转动微调螺旋,看清楚即可。显微镜是精密的光学仪器,使用时一定要当心。制备试样很费时间,所以我们要爱护制好的试样表面,不要用手直接触摸试样表面,更要避免被硬物划伤,在实验过程中不要用手去动试样。

3.3　冷塑性变形对金属再结晶退火前后显微组织的影响

1. 实验目的

(1)认识金属冷变形加工后及经过再结晶退火后的组织性能和特征变化;

(2)研究形变程度对再结晶退火前后组织和性能的影响。

2. 实验原理和内容

(1)金属冷塑性变形后的显微组织和性能变化

金属冷塑性变形为金属在再结晶温度以下进行的塑性变形。

金属在发生塑性变形时,外观和尺寸发生了永久性变化,其内部晶粒由原来的等轴晶逐渐沿加工方向伸长,在晶粒内部也出现了滑移带或孪晶带,当变形程度很大时,晶界消失,晶粒被拉成纤维状。相应地,金属材料的硬度、强度、矫顽力和电阻等性能增加,而塑性、韧性和抗腐蚀性降低。这一现象称为加工硬化。

为了观察滑移带,通常将已抛光并浸蚀的试样经适量的塑性变形后再进行显微组织观察。(注意:在显微镜下滑移带与磨痕是不同的,一般磨痕穿过晶界,其方向不变,而滑移带出现在晶粒内部,并且一般不穿过晶界。)

(2)冷塑性变形后金属加热时的显微组织与性能变化

金属经冷塑性变形后,在加热时随着加热温度的升高会发生回复、再结晶和晶粒长大。

① 回复:当加热温度较低时,原子活动能力尚低,金属显微组织无明显变化,仍保持纤维组织的特征。但晶格畸变已减轻,残余应力显著下降。但加工硬化还在,故其机械性能变化不大。

② 再结晶:金属加热到再结晶温度以上,组织发生显著变化。首先在形变大的部位(晶界、滑移带、孪晶等)形成等轴晶粒的晶核,然后这些晶核依靠消除原来伸长的晶粒而长大,最后原来变形的晶粒完全被新的等轴晶粒所代替,这一过程为再结晶。由于金属通过再结晶获得新的等轴晶粒,因而消除了冷加工显微组织、加工硬化和残余应力,使金属又重新恢复到冷塑性变形以前的状态。金属的再结晶过程是在一定的温度范围内进行的,通常规定在一小时内再结晶完成 95% 所对应的温度为再结晶温度。实验证明,金属熔点越高,再结晶温度越高,其关系大致为 $T=0.4T_{熔}$。

③ 晶粒长大:再结晶完成后,继续升温(或保温),则等轴晶粒以并容的方式聚集长大,温度越高,晶粒越大。

当再结晶退火温度一定时,变形量大小对再结晶的晶粒大小起决定性的影响。当变形量很小时,晶粒大小基本无变化。当达到某一变形量时,再结晶获得异常粗大的晶粒,对应着一组大晶粒的变形度,称为临界变形度。一般铁为 $5\%\sim10\%$,钢约为 5%,铝为 $2\%\sim3\%$。由于粗大晶粒将显著降低金属的机械性能,故应避免金属材料在临界变形程度范围内进行压力加工。超过临界变形量,由于各晶粒变形愈趋均匀,再结晶时形核率愈大,因而再结晶的晶粒越细。

3. 实验设备及工具和材料

(1)拉力试验机、加热炉、吹风机;

(2)工业纯铝片一套(试样尺寸 200mm×25mm)、NaOH 碱液、王水。

4. 实验内容及步骤

(1)每组一套铝片,经 350℃、30 分钟退火,以消除内应力;

(2)在铝片两端打上组号,在其中部垂直纵轴的方向画两条相距 100mm 的平行线,定出原始长度 L_0;

(3)按表 3-2 规定的变形量在拉伸机上进行拉伸;

表 3-2　试样变形量

组号	1	2	3	4	5	6	7	8
伸长量%	1	2.5	3	6	8	10	12	15

(4)将经不同变形后的试样在 550℃ 加热保温半小时后空冷,浸入 20%NaOH 溶液数分钟用水洗吹干,再用王水(三份盐酸、一份硝酸)腐蚀数秒,显出晶粒后用水洗吹干;

(5)目测(或用放大镜)样品的晶粒大小,数出每平方厘米内的晶粒数,求平均值 N,算出每一晶粒占的面积($1/N$)。

5. 实验报告要求

(1)简述实验过程;

(2)作出铝的晶粒尺寸($1/N$)-形变量曲线,找出临界形变量,并讨论之;

(3)分析:

① 怎样制作样品才能在显微镜下看到滑移带,为什么?

② 化学成分相同的材料,其再结晶温度为什么不是一个固定值?

③ 为什么原始铝片要处理成退火状态? 退火时为什么可以空冷?

④ 实验注意事项

A. 对试样不要擅自弯曲、敲击;

B. 试样两端号码如在拉伸时损坏,应及时再做记号;

C. 腐蚀时,特别要注意,不要将王水或碱液溅到衣服或皮肤上;

D. 不要在耀光处读晶粒,读晶粒时将铝片微微移动,以免读漏。

3.4　热处理工艺对结构钢组织性能影响的综合性实验

1. 实验目的

(1)了解热处理工艺对钢的显微组织和性能的影响;

(2)熟悉热处理的基本操作规程。

2. 实验原理和内容

热处理是一种很重要的金属加工工艺方法。热处理的主要目的是改变钢的性能,热处理工艺的特点是将钢加热到一定温度,经一定时间保温,然后以某种速度冷却下来,从而达到改变钢的性能的目的。研究非平衡热处理组织,主要是根据过冷奥氏体等温转变曲线来确定。

热处理之所以能使钢的性能发生显著变化,主要是由于钢的内部组织结构发生一系列的变化。采用不同的热处理工艺,将会使钢得到不同的组织结构,从而获得所需要的性能。

钢的热处理基本工艺方法可分为退火、正火、淬火和回火等。

● 碳钢热处理工艺

(1)加热温度

亚共析钢加热温度一般为 $A_{c3}+30\sim50℃$，过共析钢加热温度一般为 $A_{c1}+30\sim50℃$（淬火）或 $A_{cm}+50\sim100℃$（正火）。

淬火后回火温度有三种，即：低温回火（150～250℃）、中温回火（350～500℃）、高温回火（500～650℃）。实际生产中可根据钢种及要求做适当调整。

(2)保温时间

在实验室中，通常按工件有效厚度，用下列经验公式计算加热时间：

$$t=a \cdot D \tag{3-1}$$

式中，t——加热时间（min）；

　　　a——加热系数（min/mm）；

　　　D——工件有效厚度（mm）。

淬火后回火保温时间，要保证工件热透，使组织充分转变，一般为 1～3 小时，实验时，可酌情减少。

(3)冷却方式

钢退火采用随炉冷却到 600～550℃ 以下再出炉空冷。正火采用空中冷却。淬火时常用水或盐水冷却，合金钢常用油冷却。

● 碳钢热处理后的组织

(1)珠光体型组织

珠光体型组织是过冷奥氏体在高温区（A_{r1} 至 C 曲线鼻尖）转变的产物。随着奥氏体在冷却时过冷度增加，依次得到珠光体、索氏体、屈氏体。它们都是铁素体与渗碳体的细密机械混合物，但铁素体与渗碳体的片层间距依次减小，组织的强度、硬度递增。

(2)贝氏体型组织

贝氏体型组织是过冷奥氏体在中温区（C 曲线鼻尖与马氏体转变点 M_s）进行等温淬火转变的产物。贝氏体也是铁素体和渗碳体的机械混合物。

上贝氏体：是在珠光体转变区稍下温度等温形成的。在光学显微镜下可观察到成束的铁素体向奥氏体晶内伸展，呈羽毛状。

下贝氏体：是在马氏体转变点（M_s）稍上的温度形成的。在光学显微镜下呈灰黑色针状或竹叶状。与上贝氏体相比，下贝氏体不仅具有较高的硬度、强度、耐磨性，而且有较高的韧性及塑性。

(3)马氏体组织

马氏体组织是过冷奥氏体在低温区（M_s 以下）转变的产物。马氏体是碳在铁素体中的过饱和固溶体。马氏体组织形态主要有两种。

① 针状马氏体：又称高碳马氏体，主要在高碳钢淬火组织中形成。在光学显微镜下观察呈针状或竹叶状。马氏体针的粗细程度取决于淬火加热温度。例如 T10 钢在淬火加热温度较低时（如 760℃）由于奥氏体中的碳浓度不均匀，在光学显微镜下分辨不出它

的形态,称之为隐针马氏体;淬火温度稍高时(820℃)可见到短针状马氏体;若淬火温度提高到 1000℃,由于奥氏体晶粒粗大,即可获得粗大的马氏体。片状马氏体性能较硬且脆。

② 板条马氏体:又称低碳马氏体。主要在低碳钢淬火组织中形成。在光学显微镜下观察呈一束束相互平行的细长条状。一个奥氏体晶粒内可由几束不同取向的马氏体群,且束与束之间有较大的位相差。它不仅具有较高的强度与硬度,还具有良好的韧性与塑性。

淬火组织中总会有一定数量的残余奥氏体,并且随着钢中含碳量的增加、淬火温度的提高,残余奥氏体的相对量也会增加,残余奥氏体不易受硝酸酒精的浸蚀,在光学显微镜下呈白亮色,无固定形态,难以与马氏体区分,因此常常需回火后才可分辨出马氏体间的残余奥氏体。

(4)回火组织

钢淬火后一般都需要经回火才能满足性能要求。根据回火温度的高低,回火组织可分为以下几类。

① 回火马氏体:在 150～250℃回火时形成的组织为回火马氏体。它是由极细小的弥散的 ε-碳化物和 α-Fe 组成。回火马氏体易于腐蚀,一般呈黑色,且保留原淬火针状马氏体或淬火板条马氏体的形态,在光学显微镜下难以辨出其中的碳化物相。具有较高的强度及硬度,且塑性较低。

② 回火屈氏体:在 350～450℃回火时形成的组织为回火屈氏体。它是由细片状或细粒状渗碳体和铁素体组成。在光学显微镜下,碳化物颗粒仍不易分辨,但可观察到保持马氏体形态的灰黑色组织,且马氏体形态的边界不十分清晰。它具有较高的屈服强度、弹性极限和韧性。

③ 回火索氏体:在 550～650℃回火时形成的组织为回火索氏体。它是由粒状渗碳体和铁素体组成。在较高倍数的光学显微镜下可以观察到渗碳体的颗粒,此时马氏体形态已消失,600℃以上回火时,组织中的铁素体为等轴晶粒。工业上称之为调质处理。回火索氏体具有优良的综合性能。

3. 实验设备及工具和材料

(1)箱式加热炉、井式加热炉、淬火水槽、淬火油槽、砂轮机、抛光机、布氏硬度计、读数显微镜、洛氏硬度计、金相显微镜;

(2)45 钢试样、金相图片、金相砂纸、浸蚀剂。

4. 实验步骤

(1)分若干组进行实验,每组领取试样一套,并打上钢号,以免混淆;

(2)将一个 $\phi 15 \times 18mm$、45 钢试样加热到 840℃并保温 30 分钟后,取出空冷;

(3)将两个 $\phi 15 \times 18mm$、45 钢试样加热到 840℃并保温 10 分钟后,分别进行油淬和水淬;

(4)将三个 $\phi 15 \times 18mm$、45 钢试样加热到 840℃并保温 10 分钟后,水淬,再分别进行 180℃、420℃、600℃加热保温 1 小时空冷;

将以上试样分别用砂轮机磨平后测出硬度并记录下来;

(5)按表 3-3 所列金相试样在显微镜下观察金相组织。

表 3-3　45 钢不同热处理下的显微组织特征

序号	钢号	处理方式	显微组织
1	45	退火	珠光体＋铁素体
2	45	正火	细珠光体＋铁素体
3	45	840℃油淬	马氏体＋屈氏体
4	45	840℃水淬	马氏体＋残余奥氏体
5	45	840℃水淬＋200℃回火	回火马氏体
6	45	840℃水淬＋420℃回火	回火屈氏体
7	45	840℃水淬＋600℃回火	回火索氏体
8	45	1250℃水淬	板条马氏体＋残余奥氏体

注：以上试样均由 4％硝酸酒精浸蚀。

5. 实验报告要求

(1)简述实验过程；

(2)列出实验结果(见表 3-4 所列)，并说明各种热处理工艺对碳钢的显微组织和性能的影响；

表 3-4　45 钢经不同热处理后的性能及显微组织

材质	热处理工艺	洛氏(HRC)或布氏(HB)硬度				显微组织
		1	2	3	平均	
45	840℃水淬					
45	840℃油淬					
45	840℃水淬＋180℃回火					
45	840℃水淬＋420℃回火					
45	840℃水淬＋600℃回火					
45	正火					

(3)绘出所给试样显微组织示意图，用箭头表明图中的各组织组成物，并注明成分、热处理工艺、显微组织、放大倍数及浸蚀剂；

(4)写出实验体会。

6. 实验注意事项

(1)试样淬火时，一定要用夹钳夹紧，动作要迅速，并在冷却介质中不断搅动；

(2)测硬度前，必须用砂轮或砂纸将试样表面的氧化皮除去并磨光。每个试样应在不同的部位测定三次硬度，取其平均值。退火、正火试样测 HB 值，其余测 HRC 值。

(3)热处理时应注意：

① 取放试样时，应切断电路电源；

② 炉门开关要快，以免炉温下降和损坏炉膛的耐火材料与电阻丝；

③ 取放试样时，夹钳应擦干，不能沾有水或油；同时，操作者应戴上手套，以免灼伤。

第 4 章　材料成型物理冶金学原理

4.1　概　述

材料成型物理冶金学原理实验是为配合课程"材料成型物理冶金学原理"而进行的相关实验,包括真实应力-应变曲线(硬化曲线)的绘制、轧制时不均匀变形及变形金属滑移线观察、接触面上的外摩擦对变形及应力分布的影响、金属塑性和变形抗力的测定、轧制工艺参数对奥氏体再结晶行为及轧后组织的影响等实验。

材料成型物理冶金学原理是一门研究金属材料在塑性变形过程中的变形规律、变形机理和组织性能变化规律的课程,是材料成型及控制工程专业本科生的专业基础课。课程分析研究金属材料塑性变形的物理本质与基本规律、金属材料塑性加工的工艺性能与组织性能变化及其控制的基本原理。

"材料成型物理冶金学原理"课程的学习注重学生创新能力的培养和专业前后知识的衔接,在专业基础知识的学习中达到课程如下教学目标:

(1)掌握金属塑性加工实验设计、分析的基本方法,能够选择数学模型,用于综合比较材料成型工程问题的解决方案;

(2)了解金属塑性变形的变形机理,掌握金属组织演变的基本规律和实验研究的基本方法,能分析、比较材料成型及控制工程领域复杂工程问题的不同解决方案;

(3)了解金属塑性变形的基本规律,掌握塑性加工过程金属的变形特点和组织性能控制的基本原理,根据特定需求确定设计目标,分析技术方案中的关键因素。

材料成型物理冶金学原理是从金属塑性加工过程的力学和热力学条件入手,分析外部条件对变形过程中金属本身的变形规律、变形机理、组织性能变化的影响,并通过外部条件的改变达到形变过程控制的目的。

材料成型物理冶金学原理课程包括以下内容:金属塑性加工的力学和热力学条件、金属塑性变形的物理本质、金属的塑性、金属塑性变形的不均匀性、金属在加工变形中的断裂、金属在塑性加工变形中的组织性能变化与控制。

真实应力-应变曲线(硬化曲线)的绘制对应变程度与变形图示这一节的学习;轧制时不均匀变形及变形金属滑移线观察对应单晶体塑性变形、多晶体塑性变形这两节的学习;接触面上的外摩擦对变形及应力分布的影响对应变形及应力不均匀分布的原因引起的后果及减轻措施这一节的学习;金属塑性和变形抗力的测定对应影响塑性的主要因素及提高塑性的途径这一节的学习；轧制工艺参数对奥氏体再结晶行为及轧后组织的影响是综合性实验，它对应了金属在塑性加工变形中组织性能的变化的内容。

塑性加工金属学中的很多内容比较抽象，实际实验训练可以帮助学生更深入地理解不均匀变形、变形金属滑移线、变形及应力分布和金属塑性、综合试验轧制工艺参数对奥氏体再结晶行为及轧后组织的影响等内容。也可以对学生学习和认识对轧件进行控制轧制和控制冷却，以及利用显微组织观察和晶粒度测定等手段和方法，研究轧制工艺参数对轧材组织的影响，认识形变奥氏体（γ）与轧后铁素体（α）之间的内在联系，加深学生对控制轧制和控制冷却改善轧材性能的本质认识有直接的帮助，同时还培养了学生的知识应用能力以及创新能力。

4.2   真实应力-应变曲线（硬化曲线）的绘制

1. 实验目的

（1）根据静力拉伸所得的数据，绘制第二类真实应力-应变曲线；

（2）了解真实应力-应变曲线与条件应力-应变曲线的差别；

（3）利用第二类真实应力-应变曲线的性质绘制近似真实应力-应变曲线。

2. 实验原理

冷变形时，金属的变形抗力随所承受的变形程度的增加而增大，描述变形抗力与变形程度之间关系的曲线，称为硬化曲线；硬化曲线可用拉伸、压缩或扭转的方法来确定，其中拉伸方法应用较广泛，硬化曲线的纵坐标为真实应力 S，横坐标为变形程度，由于变形程度的表示方法不同，硬化曲线可有多种形式，常用的有三类，如图 4-1 所示。第一类为 $S-\delta$ 曲线，是真实应力与伸长率的关系曲线；第二类为 $S-q$ 曲线，是真实应力与断面收缩率的关系曲线；第三类为 $S-\varepsilon$ 曲线，是真实应力与对数变形（真变形）的关系曲线。这三类曲线，第二类在实际应用中较多，曲线的横坐标 q 值的变化范围为 $0\sim1$，可以直观地看出变形程度的大小。

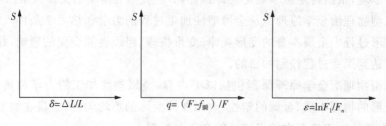

图 4-1   三类硬化曲线

为了绘制真实应力-应变曲线，必须根据拉伸实验先测出拉力 P 与绝对延伸量 ΔL 的拉伸图，然后经过计算求出真实应力 S 和所对应的断面收缩率 q。

条件应力-应变曲线是由静力拉伸数据绘制而成的，曲线上的应力是以该点的力除以试样的原始截面面积而得到的，$\sigma = p/F_0$，但在实际的拉伸过程中，试样的截面面积是变化的，这样在变形过程中不能反映真实应力的情况，特别是在试样出现细颈之后，曲线向下弯曲，这与金属的实际变化情况是相矛盾的。

真实应力-应变曲线上每一点的应力是用该点的力除以变形瞬间的截面面积而得到的，$S = P/f_瞬$，这样曲线上的任一点都能反映变形瞬间的真实应力，也能反映真实的硬化情况。

$$S = P/f_瞬 \tag{4-1}$$

式中，$f_瞬$ 为试样变形瞬间的截面面积。

根据体积不变条件，即 $F_0 \times L_0 = f_瞬(L_0 + \Delta L)$ $\hspace{2cm}$ (4-2)

可得 $f_瞬 = \dfrac{F_0 L_0}{L_0 + \Delta L} = \dfrac{F_0}{1 + \dfrac{\Delta L}{L_0}} = \dfrac{F_0}{1 + \delta}, \delta = \dfrac{\Delta L}{L_0}$ $\hspace{1cm}$ (4-3)

因此，真实应力：$S = \dfrac{pf}{f_瞬} = p(1 + \delta)/F_0$ $\hspace{2cm}$ (4-4)

又因为 $q_瞬 = \dfrac{F_0 - f_瞬}{F_0} = 1 - \dfrac{f_瞬}{F_0} = 1 - \dfrac{F_0}{\left(\dfrac{F_0}{1 + \delta}\right)} = 1 - \dfrac{1}{1 + \delta} = \delta/(1 + \delta)$ $\hspace{0.3cm}$ (4-5)

因此可得：$S_屈 = \dfrac{p_屈}{f_屈} = \dfrac{p_屈}{F_0(1 - q_屈)} \approx \sigma_s, q_屈 = \dfrac{\delta_屈}{1 + \delta_屈}$ $\hspace{1cm}$ (4-6)

$$S_细 = \dfrac{p_细}{F_0(1 - q_细)}, q_细 = \dfrac{\delta_细}{1 + \delta_细} \tag{4-7}$$

$$S_X = \dfrac{p_X}{F_0(1 - q_X)}, \quad q_X = \dfrac{\delta_X}{1 + \delta_X} \tag{4-8}$$

$$S_断 = \dfrac{p_断}{f_断}, \quad q_断 = \dfrac{\delta_断}{1 + \delta_断} \tag{4-9}$$

根据式(4-3)、式(4-5)可分别求出真实应力 S 和所对应的断面收缩率 q，根据静力拉伸所得的数据，就可以绘制第二类真实应力-应变曲线。

根据第二类应力-应变曲线可得两个性质：

(1) 设 $q_终 = 1$，当冷加工时，$S_终 = 2S_细$；当完全热加工时，$S_终 = S_细$；当温加工时，$S_终 = (1.4 - 2.0)S_细$；当不完全热加工时，$S_终 = (1.0 - 1.4)S_细$。

(2) $S = 0$，则存在 $b = 1 - 2q_细$（负值，在 X 轴负向）。

3. 实验设备及材料

(1)微机控制电子万能试验机；

(2)圆柱形低碳钢拉伸试棒 2 根；

(3)游标卡尺、划针、直尺。

4. 实验内容和步骤

(1)测量试棒的原始直径 d，量出 100mm 长的距离，画上标记；实验原始数据见表4-1所列。

表 4-1　实验原始数据

试样号	材质	直径 d_0/mm	截面面积 F_0/mm²	标距 L_0/mm	备注
1					
2					

(2)把试棒装在试验机的夹头上,将实验机清零。

(3)开动实验机,观察电脑记录数据的变化情况,注意记下试件出现屈服、细颈和断裂时的拉力 $P_屈$、$P_细$、$P_断$ 和相应的绝对伸长量 $\Delta L_屈$、$\Delta L_细$、$\Delta L_断$。

(4)注意观察和记录试件从屈服到出现细颈之间两处的 P_{X1}、P_{X2}、ΔL_{X1}、ΔL_{X2},根据试件的体积不变原理算出该两点此时的 d_{X1}、d_{X2},即可算出 q_{X1}、q_{X2}、S_{X1}、S_{X2},试件被拉断后,取下试样。

(5)重复以上实验,进行第二根试棒的拉伸,在两组数据中任选一组。

(6)测量拉伸后试棒的有关尺寸,将数据填入表 4-2、表 4-3 中。

表 4-2　条件应力-应变曲线的数据

试样号	屈服时		出现细颈前							
	$P_屈$	δ_S	P_{X1}	P_{X2}	ΔL_{X1}	ΔL_{X2}	δ_{X1}	δ_{X2}	σ_1	σ_2
1										
2										

试样号	出现细颈前				断裂时			
	$P_细$	$\Delta L_细$	$\delta_细$	$\sigma_细$	$P_断$	$\Delta L_断$	$\delta_断$	$\sigma_断$
1								
2								

表 4-3　真实应力-应变曲线的数据

试样号	屈服时		断裂时				
	$P_屈$	$S_屈$	$P_断$	$\Delta L_断$	$\delta_断$	$q_断$	$S_断$
1							
2							

试样号	出现细颈前										
	P_{X1}	P_{X2}	ΔL_{X1}	ΔL_{X2}	δ_{X1}	δ_{X2}	f_{X1}	f_{X2}	q_{X1}	q_{X2}	S_{X1}
1											
2											
试样号	出现细颈时					
	$P_细$	$\Delta L_细$	$\delta_细$	$f_细$	$q_细$	$S_细$
1						
2						

5.实验报告要求

(1)简述实验过程;

(2)列出实验数据;

(3)根据静力拉伸所得的数据,绘制条件应力-应变曲线、第二类真实应力-应变曲线和近似第二类真实应力-应变曲线;

(4)分析、比较、讨论上述曲线。

(注:近似第二类真实应力-应变曲线与第二类真实应力-应变曲线相比,在屈服点处误差较大,在出现细颈后误差较大,但在细颈点以前、起伏点以后的较大变形的误差较小,在工程上是被允许的)。

4.3　轧制时不均匀变形及变形金属滑移线观察

1.实验目的

(1)明确均匀变形和不均匀变形的概念,了解哪些原因可以引起不均匀变形,从而得到减轻不均匀变形的措施;

(2)观察变形金属中滑移线的形态,并从位错运动角度进行深入分析。

2.实验原理和内容

(1)轧制时的不均匀变形

物体在沿高度和宽度两个方向上的变形都是均匀的,称为均匀变形,否则就是不均匀变形。即均匀变形必须满足:变形前相互平行的直线和平面,在变形后仍然保持平行,且任意方向的线应变在物体内的任一点均为常数。

要实现均匀变形需要一些前提条件,如变形金属物理状态均匀且具有各向同性,整个物体任何瞬间承受同等变形量,接触表面无外摩擦等,是难以完全实现的。因此在金属加工过程中,变形不均匀分布是客观存在的。它对实现加工过程和产品质量有着重大影响。引起变形和应力不均匀分布的主要原因有:接触面上的外摩擦、变形区的几何因素、沿宽度方向压缩程度的不均匀、变形物体的外端、变形物体内温度的不均匀以及变形金属的性质等。

物体不均匀变形时,其内部各层变形的分布受到物体整体性限制,引起的各层相互平衡的应力叫附加应力。如用中部凸起的轧辊轧制矩形件,轧件边缘部分变形较小,中间部分变形程度较大。因为轧件是一个整体,虽然各部分压下量不同,但其整体性将迫使纵向延伸趋于相等。所以,中间部分将给边缘部分施加拉力,使其延伸增加,而边缘部分将给中间部分施加压力,使纵向延伸减少,从而产生相互平衡的附加内应力。

轧制时的不均匀变形既与轧辊工作表面形状、轧件断面形状有关,也与被轧金属塑性性质(如轧件化学成分不均、沿轧制断面温度分布不均等)有关。实际所观察到的轧制时不均匀变形现象,往往是几种因素综合作用的结果。

（2）变形金属滑移线观察

晶体的滑移变形是由位错的移动而产生的,晶体的滑移过程是位错移动和增殖的过程。

变形金属中晶粒内部的滑移线形貌,反映了不同位错运动的方式。金属在塑性变形的开始阶段,晶粒内部仅有一个滑移系,此时在试样的抛光表面上,就可以观察到许多平行的滑移线,这是单系滑移造成的结果。

当变形继续增加时,几个滑移系就会同时开动,发生多系滑移,此时在抛光的试样表面上所看到的滑移线就不是一组平行的滑移线,而是两组或多组交叉的滑移线。

当变形量继续增大,某一滑移面上位错运动受到阻碍时,位错就可能离开原来的滑移面而产生交滑移,此时试样的抛光表面上的滑移线就不是平直的,而是一条弯曲的折线。

3. 实验设备、工具和材料

（1）万能材料实验机、金相显微镜、加热炉、抛光机、吹风机等;

（2）千分尺、游标卡尺、研磨膏、抛光尼、酒精、脱脂棉等;

（3）工业纯铝试样 3 条,规格为 3mm×25mm×200mm;退火态低碳钢板料试样 1个,规格为 1mm×12.5mm×200mm。

4. 实验方法与步骤

（1）准备好加热炉;

（2）将纯铝试样放入加热炉中,在 560℃条件下加热保温半小时空冷;

（3）因加工成型导致试样表面有大量的划痕,将试样的上下表面在抛光机上抛光,抛光至镜面;

（4）调整和准备好万能材料试验机;

（5）启动万能材料试验机,分别将 3 条纯铝试样拉伸至工程应变为 10%、30%以上和拉伸至断裂,将碳钢试样拉伸至断裂。分析比较两种金属拉伸曲线的区别;

（6）金相显微镜准备;

（7）取抛光后的铝试样在金相显微镜下进行观察比较,将不同变形程度下的滑移线的形貌仔细记录下来。

5. 实验报告要求

（1）简述实验过程;

（2）记录实验现象,画出在金相显微镜相同倍数条件下所观察到的不同变形程度的试样表面形貌;

（3）叙述纯铝试样表面滑移台阶的形成过程,分析讨论产生的原因;

（4）简述塑形变形机制,并从位错理论的角度阐述在塑形变形过程中加工硬化产生的原因。

4.4 接触面上的外摩擦对变形及应力分布的影响

1. 实验目的

了解工具和变形体接触面间存在摩擦时,变形体内部不均匀变形及应力的分布状况。

2. 实验原理和内容

金属受压时,在变形力 P 的作用下,金属坯料受到压缩使其高度减小而横断面积增加。接触表面存在摩擦力,造成表面附近金属流动困难,而使圆柱形试样变为鼓形。从对由 n 个尺寸相同的圆片叠加组成的圆柱体试样进行压缩的结果可以看出(图 4-2),变形前圆片厚度相同、外轮廓线平行,变形后侧面产生挠曲,在接触表面附近挠度最大,随着离开接触表面的距离增大,挠度逐渐减小,并在水平对称面挠度为零。在此种情况下,可将变形金属整个体积大致分为三个区域:由于在接触表面

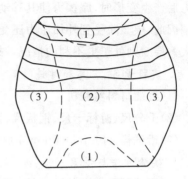

图 4-2　组合圆柱体压缩时外摩擦对变形分布的影响

下区域(1)的变形很小,通常将区域(1)称为难变形区;在中部区域(2)内的变形最显著,称区域(2)为易变形区;而变形程度居中的(3)区则称为自由变形区。

金属塑性变形时变形物体内变形的不均匀分布,不但能使物体外形歪扭和内部组织不均匀,而且还能使变形体内应力分布也不均匀。如图 4-3 所示,由于不均匀变形,在 Ⅰ 区和 Ⅲ 区内产生附加应力。特别是在 Ⅲ 区,附加应力作用的结果使其应力状态发生了改变,环向(切向)出现了拉应力,并且越靠近外层拉应力越大;而径向压应力减弱,并且越靠近外层径向压应力越小。压缩试样有时在侧表面出现纵向裂纹,这就是环向拉应力作用的结果。

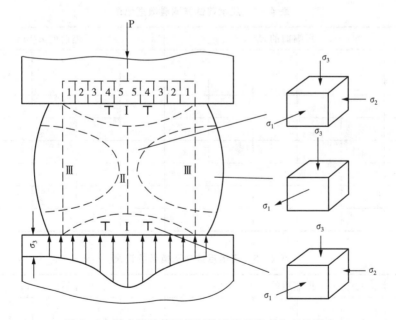

图 4-3　组合圆柱体压缩时外摩擦对应力分布的影响

由于外摩擦的影响,接触面上的应力分布不均,沿试样边缘的应力等于金属的屈服点,由边缘向中心部分应力逐渐升高。

接触面上的应力之所以有这样的分布规律可做如下解释:当最外层的层 1 受到外加

压力后产生变形时,摩擦力使其移动受到了阻碍,因而使层1对层2发生了压力。

因此,层2除受到外加压力还受到层1变形带来的压力,显然层2比层1承受的压力要大。层3则处于更不利的情况。故从外层1到内层5应力将逐渐增加。

3. 实验设备、工具和材料

(1)万能材料实验机;

(2)千分尺、游标卡尺、钢板尺、铁制圆规等;

(3)铅试样 $\phi40mm\times5mm$ 6块, $\phi40mm\times30mm$ 1块。

4. 实验方法与步骤

(1)用铁制圆规在各试样任一面上画出间距为5mm的同心圆;

(2)记录压缩前试样尺寸 d/h ,并将之列于后面数据记录表4-4中;

(3)材料实验机准备;

(4)将各试样整齐叠起,放入两钢垫板中心;

(5)放在材料实验机上以 $\Delta h=H/2$ 的变形量进行压缩;

(6)记录压缩后的试样尺寸 d/h ,列于后面数据记录表4-5中;

(7)观察变形后各小圆片形状,并描绘出图形;

(8)在实验室当场描绘图形,回收废试样,不得带走。

5. 实验数据表格

相关实验数据表格见表4-4和表4-5所列。

表4-4　压缩前试样测量数据记录

圆编号 试样编号	压缩前的 d/mm					压缩前的 h/mm				
	1	2	3	4	5	1	2	3	4	5
1										
2										
3										
4										
5										
6										

表4-5　压缩后试样测量数据记录

圆编号 试样编号	压缩后的 d/mm					压缩后的 h/mm				
	1	2	3	4	5	1	2	3	4	5
1										
2										
3										

（续表）

圆编号	压缩后的 d/mm					压缩后的 h/mm				
试样编号	1	2	3	4	5	1	2	3	4	5
4										
5										
6										

6. 实验报告要求

(1)简述实验过程；

(2)记录测量压缩前后各试样 d、h 值的表格；

(3)描绘变形后各小圆片形状的图形；

(4)分析试样各部分变形量的大小和原因；

(5)画出试样中心剖面网格歪扭图及难变形区。

4.5　金属塑性和变形抗力的测定

1. 实验目的

通过实验掌握测定金属塑性和变形抗力的方法。

2. 实验原理

金属的塑性是指金属在外力作用下，能稳定发生永久变形而不破坏其完整性的性质。金属的塑性，不仅受金属内在的化学成分与组织结构的影响，也和外在的变形条件有密切的关系。为了正确选择变形温度、速度条件和最大变形量，必须测定金属在不同变形条件下的极限变形量——塑性指标。

由于变形力学条件对金属的塑性有很大影响，所以目前还没有某种实验方法可以测出能表示所有压力加工方式下金属的塑性指标。每种实验方法测定的塑性指标，仅能表示金属在该变形过程中所具有的塑性。

测定金属塑性的方法，最常用的有机械性能实验方法（如拉伸、扭转和冲击弯曲等）和模拟实验法（如镦粗、楔形轧制等）。

(1)延伸率的测定

选取长试样，标距长度 $l_0 = 11.3 \sqrt{F_0}$（F_0 为试样的原始截面积）。延伸率表示材料在静力拉伸情况下的塑性变形能力。常用试样断裂后的长度 l_h 和原始标距长度 l_0 之差，除以 l_0 的百分数来表示，即

$$\delta = \frac{l_h - l_0}{l_0} \times 100\%$$

　　　　　　　　　　　　　　　　　　　　　　　　　　　　　(4-10)

（2）变形抗力 $\sigma_{0.2}$ 的测定

在静力拉伸时，对于无明显屈服点的材料，常把 $\sigma_{0.2}$ 作为变形抗力指标。$\sigma_{0.2}$ 为试样计算长度部分产生 0.2% 的塑性变形时的负荷 $P_{0.2}$，除以试样的原始横截面积 F_0，即：

$$\sigma_{0.2}=\frac{P_{0.2}}{F_0} \tag{4-11}$$

式中，$\sigma_{0.2}$ 的单位为 $\mathrm{kg/mm^2}$。

本实验采用图解法来测定 $\sigma_{0.2}$，依据实验时所绘制的 $P-\Delta l$ 曲线来确定 $\sigma_{0.2}$（图4-4）。首先将弹性变形的直线部分 oa 交于 Δl 轴上 o 点。取 oc 等于 0.2% l_0，过 c 点作 $cb//oa$，该直线与拉伸曲线交于 b，则 b 点所对应的载荷即为 $P_{0.2}$。将此值除以 F_0 即得到 $\sigma_{0.2}$。

（3）变形抗力 K 值的测定

通常在平面变形压缩时，将压缩方向的应力称为平面变形抗力，用 K 来表示。K 值是计算塑性加工力能参数的数据。平面变形压缩装置如图4-5所示。其中 $L=2\sim4h,b>5L$。

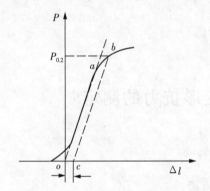
图4-4　图解法确定变形抗力

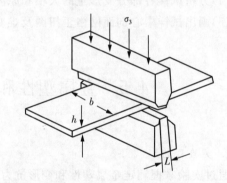
图4-5　平面变形压缩装置

当压缩时接触面充分润滑且 L/b 较小，则可认为变形过程是平面变形，而纵向应力 $\sigma_1=0$，压缩方向应力 $\sigma_3<0$。根据塑性变形条件有

$$\sigma_1-\sigma_3=-\sigma_3=\frac{2\sigma_s}{\sqrt{3}}=1.115\sigma_s=K \tag{4-12}$$

此时所测得的平均单位压力 $\bar{p}$ 即为平面变形抗力 K 值。实际上即使润滑良好，还是存在一定的摩擦，所以应对上面的 K 值加以修正。即

$$K=\frac{\bar{p}}{\mathrm{e}^{\frac{fl}{h}}-1}\times\frac{fl}{h} \tag{4-13}$$

式中，f 为摩擦系数。当良好润滑摩擦时，$f=0.02\sim0.04$。

3. 实验设备和材料

（1）材料试验机；

（2）划线打点机；

（3）平面变形压缩装置；

（4）千分尺、游标卡尺；

（5）铝及其合金标准试样各一个，100mm×40mm×5mm 铝试样四块。

4. 实验方法和步骤

(1)用卡尺和千分尺测定好标准试样尺寸,并标好计算长度;

(2)在刻线打点机上对标准试样计算长度分距划线;

(3)准备好材料试验机;

(4)夹好标准试样,进行拉伸实验,注意分段加载,并记录载荷值;

(5)根据拉伸曲线计算出相应试样的 $\sigma_{0.2}$ 及延伸率 δ;

(6)取 100mm×40mm×5mm 铝试样四块,预先加工使之硬化程度分别为 5%、10%、20%、40%。测其厚度 H,在表面涂石墨粉润滑,以 5% 左右的变形程度分别进行压缩,测压后厚度为 h,计算累计变形程度 $\varepsilon=\ln(H/h)$,记录变形终了载荷 p 和接触面积 F,填入表内。

5. 实验数据表格

实验数据表格见表 4-6 和表 4-7 所列。

表 4-6　延伸率及变形抗力 $\sigma_{0.2}$ 测定实验数据记录

试样号	材质	l_0	l_h	δ	F_0	$P_{0.2}$	$\sigma_{0.2}$
1	铝						
2	铝合金						

表 4-7　平面变形抗力 K 值测定实验数据记录

试样号	预硬化程度	H	h	ε	$\bar{p}$	K	F	f
1								
2								
3								
4								

6. 实验报告要求

(1)简述实验过程;

(2)简述测定塑性和变形抗力的方法;

(3)整理并列出有关实验数据和曲线;

(4)根据试样实验数据和曲线计算出相应试样的塑性和变形抗力值;

(5)绘出 K-ε 关系曲线。

4.6　轧制工艺参数对奥氏体再结晶行为及轧后组织的影响

1. 实验目的

运用所学的专业知识,对轧件进行控制轧制和控制冷却,以及利用显微组织观察和晶粒度测定等手段和方法,研究轧制工艺参数对轧材组织的影响,认识形变奥氏体(γ)与轧后铁素体(α)之间的内在联系,加深对控制轧制和控制冷却改善轧材性能的本质认识。

2. 实验原理

(1)控制轧制基本原理

控制轧制是指控制温度压下量等重要工艺参数,采用强化压下和控制冷却等工艺措施来提高热轧钢材的强度和韧性等综合性能的一种轧制方法。控制的主要手段是细化钢的晶粒,从而达到提高钢材强度与韧性的目的。

控制轧制可分为奥氏体再结晶区控制轧制、奥氏体未再结晶区控制轧制和(γ+α)两相区控制轧制。

● 奥氏体再结晶区控制轧制通过对加热时粗化的初始 γ 晶粒轧制——再结晶使之得到细化,进而由 γ→α 相变后得到细小的 α 晶粒。亦即 α 晶粒的细化主要是通过 γ 晶粒的细化来达到的,而 γ 再结晶区域轧制的目的就是通过再结晶使 γ 晶粒细化。γ 再结晶区域温度通常是在 950℃以上。

● 奥氏体未再结晶区的温度区间一般为 950℃～Ar_3。在该区域控制轧制时,γ 晶粒沿轧制方向伸长,在 γ 晶粒内部形成形变带,因此不但由于晶界面积的增加提高了 α 的晶核密度,而且在形变带上也出现大量的 α 晶核,进一步促进了 α 晶粒的细化。

● 在 Ar_3 点以下的(γ+α)两相区控制轧制时,未相变的 γ 晶粒更加伸长,在晶内形成形变带。同时,相变后的 α 晶粒受到压力时在晶体内形成亚结构。在轧后的冷却过程中,前者发生相变形成多边形晶粒,后者回复变成内部含有亚晶粒的 α 晶粒,形成大倾角晶粒和亚晶粒的混合组织。

(2)控制轧制工艺要求

影响钢材强韧性能的主要因素有晶粒的大小,珠光体的数量、大小及分布,Nb、V、Ti 等合金元素的作用等。细化晶粒是提高钢材强韧性能的主要因素,在制订控制轧制方案时必须注意轧制工艺参数的控制,包括加热和轧制温度、变形和冷却速度、变形程度以及轧制道次间隙和急速冷却开始时间等。

● 加热温度的控制要看钢中是否含有特殊元素。对于含铌钢,当加热到 1050℃时由于微量元素的化合物开始分解和固溶,奥氏体晶粒开始长大。至 1150℃时晶粒长大比较均匀,为了使加工后的钢材具有细小和均匀的晶粒,可以加热至此温度。在 1050℃时晶粒大小不均易产生混晶,而至 1200℃或以上则晶粒过分长大,加工后难以细化。对于不含特殊元素的普通钢由于没有微量元素化合物的固溶问题,可以把加热温度下降到 γ 细晶粒区的 1050℃以下。

● 轧制温度是由所采用的控制轧制类型而定的。在奥氏体区轧制时,终轧温度越高,奥氏体晶粒越粗大,转变后的铁素体晶粒也越粗大,并易出现魏氏组织,对钢的性能不利。因此,一般要求终轧温度尽可能接近奥氏体开始转变温度,起到类似于正火的作用。一般低碳结构钢约在 830℃或更低些。由于 Ar_3 下降到 720℃左右,含 Nb 钢终轧温度可控制在 750℃附近。

● 变形程度控制的原则是在奥氏体区轧制时道次变形量要大于临界压下量,尤其是在动态再结晶区间,否则将产生混晶。混晶形成的原因是变形后经过再结晶的晶粒比未经再结晶的晶粒软,再继续变形则软的晶粒不断发生再结晶,而硬的晶粒就难以进行,最后形成大小不等晶粒,产生混晶。对含 Nb 钢在未再结晶区(950～750℃)间的总变形量一般要求大于等于 50%,最好接近 70%。

● 控制冷却速度,可以得到不同组织和性能的钢材。钢材在轧后除了空冷外,还可以采用吹风、喷水、穿水等不同冷却方式。

总之,钢的强韧化性能好坏取决于轧制条件(加热温度、压下率分配、终轧温度)和水冷条件(开始温度、冷却速度、停止温度)所引起的相变,析出强化,固溶强化以及加工铁素体回复程度等因素,尤其是轧制条件和水冷条件对相变行为的影响最大。

可以用两种方法来确定变形后奥氏体是否发生了再结晶和再结晶的数量:一种是热拉伸法;另一种是金相法。后者是将变形后的材料,置于冰盐水中淬火,使变形奥氏体转换为马氏体,然后通过磨样、浸蚀方式,将淬火前的 γ 晶界显示出来。根据 γ 晶粒的形貌来判断和确定奥氏体再结晶的数量。

(3)晶粒大小的测定方法

奥氏体晶粒的测定包括两个步骤:奥氏体晶粒的显示和奥氏体晶粒大小的测定或评级。奥氏体晶粒的显示,常用的方法有渗碳体网法、铁素体网法、氧化法、屈氏体网法和直接浸蚀法。本实验采用直接浸蚀法。奥氏体晶粒大小的测定或评级则采用定量金相法。

定量金相法是利用点、线、面和体积等要素来描述显微组织的组织特征的方法。把这些在二维平面上测得的数据,应用在体视学中的基本关系式中,再经过统计处理,可获得合金在三维空间的显微组织参数。式(4-14)是体视学基本公式之一,它表明在试样的任意截面上的显微组织中观察到的体积百分数是相等的。因此可通过测定 A_A、L_L 或 P_P 来确定体积百分数 V_V。

$$V_V = A_A = P_P = L_L \qquad\qquad (4-14)$$

式中,V_V——体积百分数。在单位测量体积中,测量对象占的体积;

　　　A_A——面积百分数。在单位测量面积中,测量对象占的面积;

　　　P_P——在单位测试总点数中,测量对象的点数与总点数之比;

　　　L_L——在单位测试线长度上,测量对象所占线段的百分数。

基于以上原理,本实验晶粒度的测定采用截距法。对于形状不规则的晶粒,常采用平均截距来表示晶粒的直径。平均截距是指在截面上任意测试线穿过每个晶粒长度的平均值。当测量的晶粒数足够多时,二维截面上晶粒的平均截距等于三维空间晶粒的平均截距。

首先注意选择合适的放大倍数,以保证直径为 80mm 的视场内有不少于 50 个晶粒。然后选具有代表性的视场,在选好的视场上,计算被一条直线相交截的晶粒数目 n。要求直线具有足够的长度 l',以便与直线相交截的晶粒不少于 10 个。计算时,直线端部未被完全交截的晶粒应以一个晶粒计算;直线与两个晶粒的晶界重合时,应以一个晶粒计算。

若使用的显微镜放大倍数为 M,截取的晶粒数为 n,则平均截距 l 可用下式计算:

$$l = \frac{l'}{n \cdot M} \qquad\qquad (4-15)$$

这样的测量至少要在三个视场中分别进行一次,即得到晶粒数 n_1、n_2、n_3,最后用三次选用的直线总长度 $L(\mathrm{mm})$ 除以三次相交截的晶粒总数,得出平均截距 $l(\mathrm{mm})$,即

$$l = \frac{L}{N} = \frac{3l'}{(n_1 + n_2 + n_3) \cdot M} \tag{4-16}$$

用平均截距值 l 同表 4-8 中的相应数据进行比较,确定钢的晶粒度级别。在放大 100 倍情况下,也可利用下式(4-17)计算晶粒度级别 G:

$$G = -3.2877 - 6.6439\lg l \tag{4-17}$$

表 4-8　晶粒度级别确定对照表

晶粒度度号	计算晶粒平均直径/mm	平均截距/mm	一个晶粒的平均面积/mm²	在 1mm² 中晶粒的平均数量/个
−3	1.000	0.886	1	1
−2	0.707	0.627	0.5	2
−1	0.500	0.444	0.25	4
0	0.353	0.313	0.125	8
1	0.250	0.222	0.0625	16
2	0.177	0.157	0.0312	32
3	0.125	0.111	0.0156	64
4	0.088	0.0783	0.0078	12
5	0.062	0.0553	0.0036	25
6	0.044	0.0391	0.00195	51
7	0.031	0.0267	0.00098	1024
8	0.022	0.0196	0.00049	2048
9	0.0156	0.0138	0.000224	4096
10	0.0110	0.0098	0.000122	8192
11	0.0078	0.0069	0.000061	16384
12	0.0055	0.0049	0.000030	32768

3. 实验设备、工具及材料

(1)实验轧机、高温加热炉;

(2)红外测温仪、计时秒表、游标卡尺、千分卡尺;

(3)金相制样设备(砂轮机、切片机、抛光机等);

(4)金相显微镜;

(5)钢试样 6 块;

(6)浸蚀试样所需的化学药品及设备。

4. 实验方法与步骤

(1)试样轧制

将同一厚度的两组试样(每组 3 块)放入高温加热炉内加热到所要求的温度,然后分别取出,在同一加热温度、同一轧制温度、同一轧后停留时间下,以不同的压下量进行轧制(两组试样压下量对应相等)。一组试样轧后空冷,一组试样轧后按规定的时间在盐水中淬火。本实验用出炉后至轧制的间隙时间来控制轧制温度。

(2)金相试样置备

在切片机上截取轧后试样的中间部分,沿轧制方向切取试样,以观察试样纵向截面上的组织。切好的试样用砂纸、抛光机抛光后进行浸蚀。

采用合适的浸蚀剂直接浸蚀淬火试样,以显示原奥氏体晶粒晶界。溶液的制备及具体浸蚀方法由指导教师现场指导,对于大多数钢种淬火回火状态的原奥氏体晶粒显示常采用饱和苦味酸水溶液+适量洗涤溶剂+少量酸的方法。只要适当改变酸的种类或者调整微量酸的剂量就可获得良好的显示效果。采用一定浓度的硝酸酒精擦拭试样表面,以显示铁素体和珠光体组织。

(3)晶粒度测定

晶粒大小是一个重要的组织参数,可以用晶粒的平均直径或面积来表示,也可以用标准的晶粒级别来评定。本实验用截距法测定晶粒度。对六块试样分别在三个视场中进行测定,确定晶粒度级别。

5. 实验数据表格

实验数据记录见表 4-9 所列。

表 4-9　实验数据记录

试样号	加热温度	轧制温度	停留时间	压下量	冷却方式	n_1	n_2	n_3	l	晶粒度
1										
2										
3										
4										
5										
6										

6. 实验报告要求

(1)简述实验过程;

(2)根据实验结果,填写实验数据;

(3)测定晶粒度,绘出再结晶图及 γ 尺寸与 γ/α 关系图。

第 5 章 轧制原理实验

5.1 概 述

轧制原理实验是为配合课程塑性加工原理(轧制)而进行的相关实验,包括最大咬入角和摩擦系数的测定、摩擦和变形区几何参数对接触面形态的影响、宽展及其影响因素、前滑及其影响因素、压下率对平均单位压力影响研究、等强度梁法标定轧机转矩、光电反射法测定轧机转速、能耗法确定轧制力矩、轧机刚度系数的测定等九组实验。

塑性加工原理(轧制)是材料成型及控制工程专业本科生的专业基础必修课,是本专业的主要理论基础之一。本课程主要阐述金属塑性加工方式之一轧制的变形基础和金属流动规律,探讨轧制变形过程中的金属流动规律、力能参数的计算方法、弹塑性变形行为以及连轧理论等。

通过塑性加工原理(轧制)课程的学习,学生可系统掌握轧制过程的基本概念、基本现象及其变化规律和基本理论;初步具备应用所学理论分析实际问题的能力和不同塑性成型条件下力能参数的工程计算能力。学习该课程也可为学生学习塑性加工学、塑性加工设备、计算机辅助孔型设计、板形控制技术、材料成型过程控制知识的学习,课程设计以及毕业设计打下坚实的理论基础。本课程的学习,可使学生毕业后根据掌握的塑性加工原理(轧制)工程知识,具备一定的采用科学方法对复杂塑性加工工程问题进行分析研究,并提出设计/开发解决方案的能力。具体要求如下:

(1)掌握本专业所需的轧制基本专业理论知识,能够在轧制工程应用中选择具有合适的力能参数的数学模型,用于综合比较轧制工程问题的解决方案;

(2)能够应用塑性加工原理(轧制)的基本原理,分析比较轧制工程领域复杂工程问题,并能提出不同解决方案;

(3)能根据实际轧制工程应用中的特定需求确定设计目标,分析轧制工艺技术方案中的关键因素。

塑性加工原理(轧制)研究轧制过程中轧件的塑性变形原理、金属在变形区内的流动规律和变形规律以及轧制力能参数的计算。本课程主要教学内容包括轧制过程的宽展和前滑后滑、轧制压力、轧制力矩和轧机主电机功率、轧制时轧件的塑性曲线和轧机的弹性曲线以及连轧的特殊规律及张力的自动调节作用等连轧理论。通过本课程学习,学生应能对轧制过程中的宽展、前后滑、轧制压力、轧制力矩、弹塑性变形等进行分析和计算。

最大咬入角和摩擦系数的测定实验对应"建立轧制过程的条件——咬入条件"这一节的学习;摩擦和变形区几何参数对接触面形态的影响实验对应"金属在变形区内的流动规律"这一节的学习;宽展及其影响因素实验对应"影响宽展的主要因素"这一节的学习;前滑及其影响因素实验对应"影响前滑的主要因素"这一节的学习;压下率对平均单位压力影响研究实验对应"影响平均单位压力的主要因素及应力状态系数确定"这一节的学习;等强度梁法标定轧机转矩和能耗法确定轧制力矩实验对应"轧制传动力矩的计算"这一节的学习;光电反射法测定轧机转速实验对应"轧机主电机功率的计算"这一节的学习;轧机刚度系数的测定实验对应"轧机的弹性曲线"这一节的学习,该实验同时也有助于塑性加工设备课程中机座刚度分析的学习。

塑性加工原理(轧制)是实践性很强的一门课程,配套了很多相关的检测和验证性实验,对学生理解和掌握课程内容非常有帮助。

5.2　最大咬入角和摩擦系数的测定

1. 实验目的

(1)测定咬入阶段的最大咬入角 α_{max},并考察摩擦系数与其关系;

(2)根据自然咬入的极限条件 $\alpha_{max}=\beta$ 来确定摩擦系数 f。

2. 实验原理和内容

咬入角 α 与压下量 Δh 和轧辊直径 D 有下列的几何关系:

$$\cos\alpha = 1 - \frac{H-h}{D} = 1 - \frac{\Delta h}{D} \tag{5-1}$$

式中,H——轧件轧制前的厚度;

　　h——轧件轧制后的厚度;

　　D——轧辊工作直径。

如图 5-1 所示,在咬入的瞬间,在轧件与轧辊的接触面上,同时存在正压力 P 和摩擦力 T,其水平投影:

$$P_x = P \cdot \sin\alpha \tag{5-2}$$

$$F_x = T \cdot \cos\alpha = P \cdot F \cdot \cos\alpha \tag{5-3}$$

从图 5-2 中看到水平分力 T_x 为咬入力,P_x 为咬入阻力。二者方向相反,作用在同一直线上。当

$T_x > P_x$,能咬入;

$T_x = P_x$,为临界状态;

$T_x < P_x$,不能咬入。

由临界咬入条件,得:

$$P \cdot \sin\alpha = T \cdot \cos\alpha \qquad (5-4)$$

$$\frac{T}{P} = \frac{\sin\alpha}{\cos\alpha} = \tan\alpha = f \qquad (5-5)$$

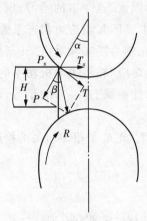 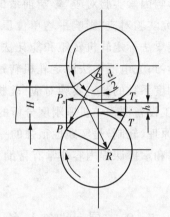

图 5-1 咬入条件分析   图 5-2 稳定轧制时咬入条件分析

又由物理概念有：

$$\tan\beta = f \qquad (5-6)$$

所以,当

$\beta > \alpha$ 时,合力 R 指向轧制方向,轧件能被咬入;

$\beta < \alpha$ 时,合力 R 指向轧制反方向,轧件不能被咬入;

$\beta = \alpha$ 时,合力 R 垂直于轧制方向,轧件处于极限条件。

由刚好咬入时的压下量(Δh_{max})按式(5-1)确定咬入角,即咬入阶段最大允许咬入角 α_{max}。

根据极限条件下,摩擦角与咬入角之间的关系,可确定摩擦系数 f。

3. 实验设备及工具和材料

(1)设备:二辊实验轧机或双联实验轧机;

(2)工具:千分尺、外卡钳、游标卡尺、钢板尺;

(3)材料:铅试件 10mm×30mm×100mm 四块。

4. 实验方法与步骤

(1)将试件去除毛边打光,编号,测量外形尺寸。

(2)轧机准备,齿轮座、减速箱、轴颈上油,擦拭轧辊。注意必须在轧件吐出一方擦拭轧辊。

(3)调整辊缝至确保试件不能咬入。

(4)启动轧机。

(5)一位同学缓缓抬升轧辊,另一位同学将试件放置在轧机入口,并使试件始终与上下轧辊保持接触。

(6)对于 1♯试件,极限自然咬入,测量轧后试件厚度 h 及轧辊直径 D,填入表格。

(7)对于 2♯试件,加推力极限咬入,测量轧后尺寸,记录。

(8)对于 3♯ 试件,涂油极限自然咬入,测量轧后尺寸,记录。

(9)对于 4♯ 试件,涂粉极限自然咬入,测量轧后尺寸,记录。

5. 实验数据记录表格

实验数据记录见表 5-1 所列。

表 5-1　实验数据记录

试样号	摩擦条件	轧入方式	D	H	h	Δh	α	β	f
1	干辊	极限自然							
2	干辊	极限推力							
3	涂油	极限自然							
4	涂粉	极限自然							

6. 实验报告要求

(1)简述实验过程;

(2)根据测得实验数据求出 $\alpha_{\max}$, β, f 数值;

(3)讨论外力、摩擦条件对咬入角的影响。

5.3　摩擦和变形区几何参数对接触面形态的影响

1. 实验目的

(1)在摩擦系数及变形区几何参数变化的条件下,测定滑动区和黏着区的大小;

(2)观察摩擦及变形区几何参数对接触表面积变化的影响和由此产生的现象。

2. 实验原理

(1)摩擦系数和变形区几何参数对滑动区和黏着区大小的影响

在塑性变形过程中,接触表面金属质点相对于工具表面有径向滑动的区域,称为滑动区,没有径向滑动的区域叫黏着区。在黏着区内,由于摩擦影响严重,接触表面上的金属质点好像粘在工具表面,而不产生相对滑移。在此区域内接触表面附近金属由于受到很大的外摩擦阻力而不发生塑性变形或变形很小,并且这种影响要扩张至一定深度,构成所谓的难变形区。由于外摩擦的影响是沿径向由侧边向中心逐渐增强,沿高度方向由端面向中心逐渐减弱,通常想象难变形区是以黏着区为基底的近似圆锥形。

滑动区和黏着区的大小,与变形区的几何参数有关。H/D 越大,黏着区越大。因为试样的高度越大,侧面金属越容易翻到接触表面上来。当 H/D 增大到一定数值,且摩擦系数又很大时,会发生没有滑动区而为全黏着的现象。

当摩擦系数一定时,随 H/D 值的减小,黏着区减小,这时接触表面上既有黏着区又有滑动区。

当摩擦系数减小,且 H/D 又减小到一定数值时,黏着区可能会完全消失,此时接触表面完全由滑动区组成。

（2）摩擦系数和变形区几何参数对变形时接触面积变化的影响

摩擦及变形区的几何参数，是引起不均匀变形的重要原因。由外摩擦引起的不均匀变形，使变形体侧表面出现鼓形。与形成鼓形有密切关系的是：经常发现侧表面金属局部地转移到接触表面上来的侧面翻平现象，如图 5-3 所示。在镦粗端部涂黑的圆柱体试样时，在圆柱体端部接触表面上变形以后出现无墨的新外环。所以，变形后接触表面积的增大，不仅是表面上的质点流动的结果，也是侧面翻平的结果，二者所占比例取决于变形条件。接触面上摩擦越大，金属质点移动的阻力也越大，越不易产生滑动，侧面翻平现象就越明显。

变形区几何因素的影响是：试样的高度越高，试样侧面金属越易于转移到接触表面上来。因此，在外摩擦较大的情况下，当 H/D 比值增大到一定数值时，接触表面的增加，靠侧面金属局部地转移到表面上来，所以没有滑动区发生全黏着现象。在初轧机上轧制大钢锭时，就可能出现这种情况。

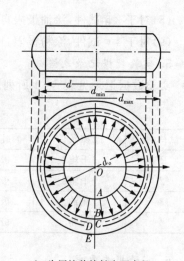

d—为压缩前接触表面直径；
d_{min}—变形后接触表面直径；
BD 环—变形后接触表面的增加量；
BC 环—由滑动区内金属质点移动造成；
CD 环—由翻平造成；OA 圆—黏着区；
AB 环—滑动区。

图 5-3　接触面的滑动及侧面翻平使接触面积直径增加

3. 实验设备、工具和材料

（1）万能材料实验机；

（2）千分尺、游标卡尺、钢板尺、吹风机、墨汁、砂纸等；

（3）铅试样 $\phi 25\text{mm} \times 50\text{mm}$ 两块。

4. 实验方法与步骤

（1）试样准备

取铅试样 $\phi 25\text{mm} \times 50\text{mm}$ 两块，在每块试样的一个端面均匀涂墨，然后用吹风机将墨迹吹干，测量试样压前直径 d，记录。然后在涂墨的端面上刻数条直线，如图 5-4 所示。沿直线 OB 测量各线条与中心点 O 的距离，记录。

（2）材料实验机准备

取四块钢垫块，其中两块擦干，另外两块在表面涂油备用。

（3）压缩

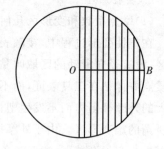

图 5-4　确定滑动区和黏着区试样刻痕

将一块铅试样放在两块干垫块中间，上材料实验机压缩，压下量为 30%。观察滑动区和黏着区形状，测量变形后各刻痕线条与中心 O 点的距离，并与压前数值比较，确定滑动区和黏着区的半径 OA 和 OB，记录。再测量 H/D、d_{max}、d_{min}、d、半径 OC 并记录。

（4）将另一块铅试样放在两块涂油垫块中间，上材料实验机压缩，压下量为 30%。观察滑动区和黏着区形状，测量变形后各刻痕线条与中心 O 点的距离，并与压前数值比较，确定滑动区和黏着区的半径 OA 和 OB,记录。测量 H/D、d_{max}、d_{min}、d、半径 OC 并记录。

(5)磨平端面刻痕。

(6)重复步骤1～5四次。

5. 实验数据表格

实验数据表格见表 5-2 和表 5-3 所列。

表 5-2 实验数据记录(摩擦条件:干燥)

压下次数	压下量	d_{max}	d_{min}	d_α	d	H/D	$\delta_{侧翻}$	$\delta_{滑动}$	OA	OB	OA/OB
1											
2											
3											
4											

表 5-3 实验数据记录(摩擦条件:涂油)

压下次数	压下量	d_{max}	d_{min}	d_α	d	H/D	$\delta_{侧翻}$	$\delta_{滑动}$	OA	OB	OA/OB
1											
2											
3											
4											

6. 实验报告要求

(1)简述实验过程;

(2)计算每块试样每道次压缩后的滑动区和黏着区面积,结合实验结果,分析摩擦和变形区几何参数的改变对滑动区和黏着区大小的影响。

(3)计算每块试样每道次压缩后的 $\delta_{侧翻}$ 和 $\delta_{滑动}$。令 d_α 等于 2 倍的半径 OC,则

$$\delta_{侧翻} = \frac{d_{min} - d_\alpha}{2} \tag{5-7}$$

和

$$\delta_{滑动} = \frac{d_\alpha - d}{2} \tag{5-8}$$

(4)分别描绘 $\delta_{侧翻}$ 和 $\delta_{滑动}$ 与 H/D 的关系曲线,并叙述摩擦和变形区几何参数的改变对 $\delta_{侧翻}$ 和 $\delta_{滑动}$ 的影响。

5.4 宽展及其影响因素

1. 实验目的

(1)理解相对压下量与宽展之间的关系;

(2)理解轧件原始宽度与宽展之间的关系；

(3)理解摩擦状况与宽展之间的关系。

2. 实验原理和内容

宽展的估算在实际生产中非常重要。在孔型设计中,必须正确地确定宽展的大小,否则孔型不是充不满,就是过充满。轧制时高向压下的金属体积如何分配延伸和宽展,是受体积不变条件和最小阻力定律来支配的。最小阻力定律常近似表示为最短法线定律,即金属受压变形时,若接触摩擦较大其质点近似沿最短法线方向流动。

影响宽展的因素很多,可分为变形区几何特征因素、加工因素和物理因素,如下式所示:

$$\Delta B = f(H,h,l,B,D,\Psi_a,\Delta h,\varepsilon,f,t,m,p_\sigma,v,\varepsilon') \tag{5-9}$$

式中,H、h、B、l、D、Ψ_a 是变形区几何特征因素(轧件轧前、轧后厚度、轧件宽度、变形区长度、辊径、变形区横断截面积);Δh、ε 是加工因素(压下量、压下率);f、t、m、p_σ、v、ε' 是物理因素(摩擦系数、轧制温度、轧件化学成分、机械性能、轧辊线速度、变形速度)。为正确掌握宽展的变化规律和控制宽展,必须对影响宽展的诸因素进行实验和研究。本实验以变形区几何特征因素中的轧件原始宽度、加工因素中的相对压下量和物理因素中的摩擦状况为例,考察它们对宽展的影响。

(1)相对压下量对宽展的影响

压下量 Δh 增大,变形区长度 l 增加($l = \sqrt{R \cdot \Delta h}$),变形区形状参数 l/h 也增加,因而使纵向流动阻力增加,金属质点横向流动增加,故使宽展加大。同时 $\Delta h/H$ 增加,则高向压下的金属体积增加,因而宽展也随之加大。

应当指出宽展随压下率的增加而增加的状况,由于 $\Delta h/H$ 的变化方式不同,宽展的变化也有所不同。

(2)轧件宽度对宽展的影响

当轧件宽度小于变形区长度时,轧件宽度增加而宽展减小。这是因为宽度增加,横向阻力增大,金属质点横向流动减少。另外,轧件外端也起着阻碍金属质点横向流动的作用,使宽展减小。当宽度很大时,宽展近似于零,即 $B_h/B_H = 1$,出现平面变形状态。此时表示横向阻力的横向压缩主应力 $\sigma_2 = \dfrac{\sigma_1 - \sigma_3}{2}$。

通常认为,由于外端的作用,当变形区的纵向长度为横向长度的两倍时,会出现纵横变形相等的情况。

(3)摩擦系数对宽展的影响

根据最小阻力定律,摩擦对宽展的影响可归结为摩擦对纵、横两个方向塑性流动阻力比的影响。

摩擦系数大时,摩擦阻力增加,金属纵向流动困难,横向流动容易,则宽展增加。亦即宽展是随摩擦系数的增加而增加的。

由此推论,轧制过程中凡是影响摩擦的因素都对宽展有影响。

3. 实验设备及工具和材料

(1)设备:二辊实验轧机或双联实验轧机;

（2）工具：千分尺、外卡钳、游标卡尺、钢板尺；

（3）材料：铅试件 5mm×10mm×100mm，5mm×20mm×100mm，5mm×40mm×100mm，5mm×50mm×100mm 各一块，5mm×30mm×100mm 铅试件 5 块。

4. 实验方法与步骤

（1）将试件去除毛边打光，编号，测量外形尺寸；

（2）准备轧机，齿轮座、减速箱、轴颈上油，擦拭轧辊。**特别要注意从轧件吐出一方擦拭轧辊！**

（3）根据实验要求用尝试法调整辊缝；

（4）轧件宽度影响：准备不同宽度试件 5 块，以 $\Delta h=2mm$ 各轧一道，测量记录；

（5）相对压下量影响：准备 $H=5$ 试件两块，一块以 $\Delta h=3mm$ 轧一道，另一块以 $\Delta h=1mm$ 轧三道，每道次测量记录相关尺寸；

（6）摩擦影响：准备 $H=5$ 试件两块，一块涂油，一块涂粉，以 $\Delta h=1mm$ 各轧一道，测量记录；

（7）注意宽度的测量要尽量精确，应在轧件上预先刻痕，轧前轧后都在刻痕处测量！如轧制时试件偏斜咬入，必须测量与实际轧制方向垂直的宽度。

5. 实验数据表格

实验数据记录见表 5-4 所列。

表 5-4 实验数据记录

试样组号	试样号	条 件	摩擦	H	h	Δh	B	b	Δb
1	1	H 恒定	干辊						
1	2	H 恒定	干辊						
1	3	H 恒定	干辊						
1	4	H 恒定	干辊						
1	5	H 恒定	干辊						
2	6	B 恒定 H 恒定 $\Delta h=3mm$	干辊						
2	7	B 恒定 H 恒定 $\Delta h=1mm$	干辊						
3	8	H 恒定 B 恒定 Δh 恒定	涂油						
3	9	H 恒定 B 恒定 Δh 恒定	涂粉						

6. 实验报告要求

(1)简述实验过程；

(2)根据实验数据绘制：

● $\Delta B - B(\Delta h = 常数, H = 常数, f = 常数)$关系曲线；

● $\Delta B - \Delta h/H(B = 常数, H = 常数)$关系曲线；

● $\Delta B - f(B = 常数, H = 常数)$关系曲线。

(3)试分析理论计算与实验结果之差异及其产生原因。

5.5　前滑及其影响因素

1. 实验目的

(1)实验证明前滑的存在,测定其值的大小；

(2)分析摩擦、轧件厚度、相对压下量对前滑的影响。

2. 实验原理

在连轧和周期轧制时都要确切知道轧件进出轧辊的实际速度,而轧件速度并不等于轧辊圆周速度的水平分量。金属在轧制过程中,变形区内被压缩的金属一部分流向纵向使轧件产生延伸,另一部分流向横向使轧件产生宽展。金属的纵向流动造成轧件的出口速度大于轧辊的线速度,这一现象称为前滑。用公式表示,则前滑值：

$$S_h = \frac{V_h - V}{V} \times 100\% = \frac{V_h \cdot t - V \cdot t}{V \cdot t} \times 100\% = \frac{L_h - L_H}{L_H} \times 100\% \qquad (5-10)$$

式中,V_h——轧件出轧辊时的速度；

　　　V——轧辊线速度；

　　　L_H——轧辊表面刻痕长度；

　　　L_h——轧件表面留痕长度；

　　　t——时间。

测量前滑的刻痕法即基于此原理,如图 5-5 所示。

影响前滑的因素很多,有轧辊直径、摩擦系数、压下率、轧件厚度、轧件宽度以及张力等。

在压下率一定时,摩擦系数增大,由于剩余摩擦力增大,前滑增大。

在压下率增大时,延伸率增大,所以前滑增大,当压下量为常数时尤为显著。

同理,当压下量为常数时,轧件轧后厚度下降,延伸率增加,前滑增加。

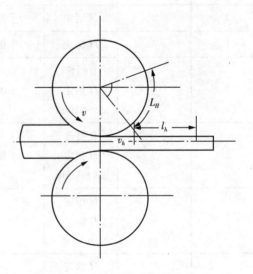

图 5-5　用刻痕法测量前滑

3. 实验设备及工具和材料

(1)设备:二辊实验轧机或双联实验轧机。

(2)工具:千分尺、外卡钳、游标卡尺、钢板尺。

(3)材料:铅试件 5mm×30mm×300mm 两块。

4. 实验方法与步骤

(1)将试件去除毛边打光,编号,测量外形尺寸。

(2)准备轧机,齿轮座、减速箱、轴颈上油,擦拭轧辊(**注意从轧件吐出一方擦辊**)。

(3)根据实验要求用尝试法调整辊缝。

(4)取铅试件一块,以 $\Delta h = 0.7$mm,涂粉,轧五道,分别测量前滑值。

(5)取铅试件一块,以 $\Delta h = 0.7$mm,涂油,轧五道,分别测量前滑值。

(6)记录数据,计算前滑值,并与理论计算值比较。

5. 实验数据表格

实验数据记录见表 5-5 所列。

表 5-5　实验数据记录

试样号	道次	摩擦条件	L_H	L_h	S_h	H	h	Δh	$\Delta h/H$
1	1	涂粉							
1	2	涂粉							
1	3	涂粉							
1	4	涂粉							
1	5	涂粉							
2	1	涂油							
2	2	涂油							
2	3	涂油							
2	4	涂油							
2	5	涂油							

6. 实验报告要求

(1)简述实验过程;

(2)根据实验数据绘制在不同摩擦条件下 $S_h - \Delta h/H (\Delta h = 常数)$ 和 $S_h - h (\Delta h = 常数)$ 之关系曲线;

(3)试用 Fink 公式计算前滑值,并将其值与实验结果比较,并分析差异及其产生原因;

(4)摩擦和润滑对前滑影响的机理。

5.6　压下率对平均单位压力影响实验

1. 实验目的

(1)通过实验掌握轧制力的实测方法;

(2)分析压下率对平均单位压力的影响。

2. 实验原理

轧制压力是轧制时轧件给轧辊总压力的垂直分量,包括轧制单位压力的垂直分量和单位摩擦力的垂直分量,工程上往往会忽略后者。轧制压力的确定方法,通常有理论计算、实测和经验估算,以实测最为精确。

当平板轧制时,忽略轧辊的弹性压扁,轧制平均单位压力可用下式计算:

$$\bar{p} = \frac{P}{F} = \frac{P}{L \cdot (B_H + B_h)/2} = \frac{P}{\sqrt{R \cdot \Delta h} \cdot (B_H + B_h)/2} \tag{5-11}$$

因而只要测出轧制压力和变形区面积,就可确定轧制平均单位压力。

理论与实验都证明,当压下率、摩擦系数和轧辊直径增加时,平均单位压力急剧增大。固定摩擦系数和轧辊直径,则可考察轧制时压下率对平均单位压力的影响情况。压下率对平均单位压力的影响程度随压下率的三种变化方式而异。分别保持 H、h、Δh 不变而改变 $\Delta h/H$,将改变变形区的几何特征参数,因而也就影响变形区的应力状态和平均单位压力。通过实验确定压下率的三种变化方式对平均单位压力的影响,具有实际意义。

3. 实验设备、工具及材料

(1)双联轧机;

(2)动态电阻应变仪;

(3)计算机数据采集系统;

(4)测力传感器;

(5)千分尺、游标卡尺;

(6)记录纸;

(7)铅试样 $H=10$mm 三块,$H=7.5$mm 三块,$H=5$mm 三块,$H=3.75$mm 三块,$H=3.33$mm 三块。

4. 实验方法与步骤

(1)传感器标定数据处理

测力传感器标定数据:额定负荷为 70kN,灵敏度为 2.04mV/V,非线性度为 0.12%,滞后 0.17%。当传感器满负荷时,其输出:

传感器输出 $=2.04 \times 10^{-3} \times$ 桥压;

应变仪输出 $=$ 传感器输出×应变仪放大倍数。

将标定数据制作出标定曲线。

(2)准备轧机,齿轮座、减速箱、轴颈上油,**擦拭轧辊(注意从轧件吐出一方擦辊)**;

(3)准备试样,制作实验要求试样,编号,测量原始尺寸,记录;

(4)准备测量仪器,传感器连线、应变仪、计算机按操作程序给电;

(5)调平传感器电路,启动计算机数据采集系统;

(6)取铅试样三块,保持 H 恒定($\Delta H=10$mm),分别以压下率

$$\varepsilon = \Delta h/H = 20\%, 40\%, 60\% \tag{5-12}$$

各轧一道,记录相关尺寸及轧制压力;

(7)取铅试样三块,保持 h 恒定($\Delta h = 3\text{mm}$),分别以压下率

$$\varepsilon = \Delta h / H = 20\%, 40\%, 60\% \tag{5-13}$$

各轧一道,记录相关尺寸及轧制压力;

(8)取铅试样三块,保持 Δh 恒定($\Delta h = 2\text{mm}$),分别以压下率

$$\varepsilon = \Delta h / H = 20\%, 40\%, 60\% \tag{5-14}$$

各轧一道,记录相关尺寸及轧制压力。

5. 实验数据表格

实验数据记录见表 5-6 所列。

表 5-6　实验数据记录

试样号	轧制条件	压下率	H	h	L	B_H	B_h	V_1	V_2	P	$\Delta h / H$
1	H 恒定	20%									
2	H 恒定	40%									
3	H 恒定	60%									
4	h 恒定	20%									
5	h 恒定	40%									
6	h 恒定	60%									
7	Δh 恒定	20%									
8	Δh 恒定	40%									
9	Δh 恒定	60%									

6. 实验报告要求

(1)简述实验过程;

(2)根据标定数据制作出标定曲线;

(3)根据实测数据分别绘出 h、Δh 一定时,$\bar{p}$ 与 $\Delta h / H$ 的关系曲线;

(4)解释压下率的三种变化方式对轧制平均单位压力的影响规律;

(5)分析实验可能产生的误差。

5.7　等强度梁法标定轧机转矩

1. 实验目的

理解等强度梁标定轧机转轴转矩的原理,掌握实际标定方法。

2. 实验原理和内容

要求所选用应变梁的材质与被测轴相同或相近,应变片性能、贴片工艺、组桥方法、

测量仪器以及所选用参数均与实测条件相同。

　　假设在实测轴两面沿与轴线±45°角方向都各贴一片应变片,如图 5-6 所示,应变梁的上下表面各直贴两片应变片,各自组成全桥。由于等强度梁和实测轴的应力状态不同,其应力应变关系也不同。

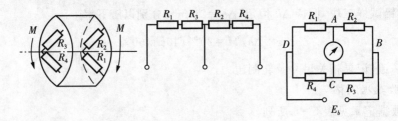

图 5-6　轧机转轴转矩测定贴片示意

　　等强度应变梁是单向应力状态,其线应变为

$$\varepsilon = \frac{\sigma}{E} \tag{5-15}$$

式中,σ——正应力;

　　E——弹性模量。

　　而实测轴是平面应力状态,其应变为

$$\varepsilon_{45°} = (1+\mu)\frac{\sigma_{45°}}{E} \tag{5-16}$$

式中,μ——泊松比。

　　当应变梁与实测轴的测试条件、输出值相同时,则两者产生的应变相同,即

$$\varepsilon = \varepsilon_{45°} \tag{5-17}$$

　　于是得到应变梁上的正应力与实测轴上正应力之间关系:

$$\sigma = (1+\mu)\sigma_{45°} \tag{5-18}$$

　　而实测轴上切应力

$$\tau = \sigma_{45°} = \frac{\sigma}{(1+\mu)} \tag{5-19}$$

　　此式说明,在同样变形数值(输出值相同)下,应变梁上的正应力是实测轴上的正应力的$(1+\mu)$倍。当应变梁宽为 B,贴片处厚为 H,承受载荷为 P,加载点至应变片之间距离为 L 时,应变梁上正应力为

$$\sigma = \frac{M_L}{W} = \frac{PL}{\frac{1}{6}BH^2} = \frac{6PL}{BH^2} \tag{5-20}$$

　　将以上各关系式代入实心圆轴扭矩计算公式,可得

$$M_z = 0.2D^3 \frac{\sigma}{1+\mu} = 0.2D^3 \frac{6LP}{(1+\mu)BH^2} = 0.2D^3 \frac{6L}{(1+\mu)BH^2}KU \quad (5-21)$$

式中, D——为转轴贴片处直径;

K——为标定曲线的斜率;

U——为计算机采集系统输出电压值。

3. 实验设备、工具和材料

(1)等强度应变梁、标准加载块;

(2)动态电阻应变仪、计算机数据采集系统;

(3)万用表、惠斯顿电桥、兆欧表、吹风机、烙铁、镊子等;

(4)应变片、502 快干胶、电线、砂纸、酒精等。

4. 实验方法和步骤

(1)清理应变梁表面,用砂纸打光,用药棉沾酒精清洗,用吹风机烘干备用;

(2)用惠斯顿电桥分拣应变片,选出阻值相同或相差不超过 0.1Ω 的应变片备用;

(3)在应变梁的上下表面与应变梁轴线平行方向各贴两片应变片,如图 5-7 所示;

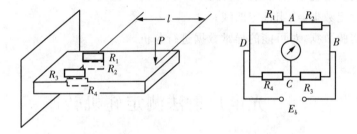

图 5-7　应变梁贴片与组桥示意图

(4)待 15 分钟胶水固化后,如图 5-6 所示组成全桥;

(5)连接应变仪和计算机采集系统,通电预热 10 分钟;

(6)将应变梁电桥接到应变仪电桥盒,注意应按说明书来接;

(7)使用电阻、电容平衡调节旋钮将应变仪预调平衡,再打到测量挡,重新调节各衰减挡次达到平衡;

(8)打开计算机,进入采集系统界面;

(9)给应变梁逐次加载,记录加载重量,同时使用计算机采集系统采集数据;

(10)给应变梁逐次减载,记录减载重量,采集数据;

(11)计算各次加、减载对应的电压值并记录。

5. 实验数据表格

实验数据记录见表 5-7 所列。

表 5-7　实验数据记录

加、减载序号	荷重	电压值	衰减挡次
1			
2			

（续表）

加、减载序号	荷重	电压值	衰减档次
3			
4			
5			
1			
2			
3			
4			
5			

6．实验报告要求

（1）简述实验过程；

（2）记录实验过程中所用仪器选定的参数和实验数据；

（3）依据标定数据，绘出标定曲线；

（4）观察实验数据，对可能的异常数据进行分析。

5.8　光电反射法测定轧机转速

1．实验目的

理解光电反射转速仪的工作原理，掌握实际测定轧机转速的方法。

2．实验原理和内容

转速与频率有共同的量纲（T^{-1}），所以可用测频率的方法来测转速。采用电子计数式频率计，配上光电反射式转速传感器，即构成光电反射转速仪。

光电反射式转速传感器的原理图如图 5-8 所示。因为被测轴上反光面和非反光面的反射光强度差别很大，所以在光敏元件上产生明电流和暗电流，输出脉冲信号，每转脉冲信号数等于反光面数。

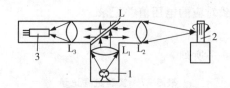

1—光源；2—被测轴；3—光敏管；L_1、L_2、L_3—透镜；L—半透明平面镜。

图 5-8　光电反射式转速传感器的原理图

转速传感器输出的电脉冲数 N 为

$$N=\frac{znt}{60} \tag{5-22}$$

式中,z 为轧机轴每转脉冲数,n 为轧机转数,t 为测量时间。若 $zt=60$,则转速传感器输出的脉冲数即待测转速。

电子计数式频率计的频率测量过程实质上就是在标准时间内,如实地记录电信号变化的周波数。标准时间是由石英晶体振荡器通过分频器得来的。频率测量工作原理如图 5-9 所示。当仪器的测量选择开关位于测频时,被测信号(正弦波、三角波、矩形波)从输入端输入,经过放大整形,形成前沿陡峭的矩形脉冲,作用在计数门的输入端。另外由石英振荡器而来的标准频率经过时基分频器得出的标准时间脉冲信号(分别为 0.1s、1s、2s、3s、6s、10s、20s、30s、60s)通过测量时间开关 BK2 的选择,加入控制器,通过控制电路的适当编码逻辑,得到相应的控制指令用以控制计数门,从而选通被测信号所发出的矩形波,进入十进制计数电路进行计数和显示。频率测量波形图如图 5-10 所示。

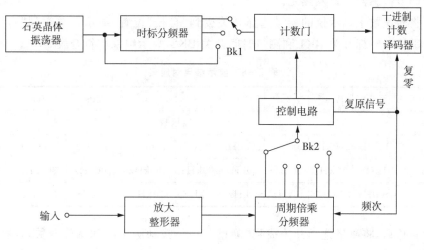

图 5-9　频率测量工作原理

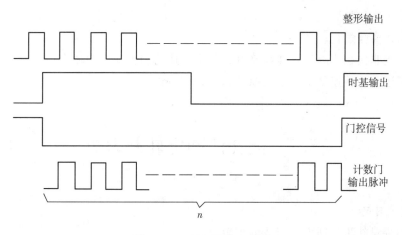

图 5-10　频率测量波形图

计数电路所显示的数,就是我们所需测的频率,若 $zt=60$,也即待测转速 n。若 $zt=6$,则计数电路显示的数即为十分之一待测转速。

3. 实验仪器、工具和材料

(1)光电传感器、转速数字显示仪、轧机;

(2)手持数字式转速表、吹风机、直尺;

(3)墨汁、锡箔纸、胶水、毛笔、纸。

4. 实验方法和步骤

(1)将轧机转轴用墨汁涂黑,用吹风机吹干。

(2)视转轴粗细,粗轴选 $z=6$,即用直尺和纸将轴周长六等分,在轴上均匀贴六条锡箔纸作为反光面,相应测量时间选择10s;同理,细轴选 $z=2$,相应测量时间选择30s。转速数字显示仪显示的即为实测转速。

(3)将传感器和转速数字显示仪装好接上连接线,通电预热。

(4)调节传感器位置及焦距。

(5)将转速数字显示仪的测量选择开关拨到"自校"位置,显示开关拨到"自动显示"位置,分别拨动时标开关 BK1 和测量时间开关 BK2,显示结果应符合表5-8。

表5-8　显示结果对应表

测量时间	0.1s	1s	2s	3s	6s	10s	20s	30s	60s
时间	显示数								
$10\mu s$	10kHz	100kHz	200kHz	300kHz	600kHz	000000	000000	000000	000000
0.1ms	1kHz	10kHz	20kHz	30kHz	60kHz	100kHz	200kHz	300kHz	600kHz
1ms	100Hz	1kHz	2kHz	3kHz	6kHz	10kHz	20kHz	30kHz	60kHz

(6)自检后,将测量选择开关拨到"测量"位置,拨动测量时间选择开关,选择需要的测量时间测转速。

(7)测转速的同时,可用手持式数字转速仪进行测量,作为校对。

5. 实验报告要求

(1)简述实验过程;

(2)简述非接触式测量转速与接触式测量转速的利弊和应用场合;

(3)简述两种转速测量方法的原理、结果及分析。

5.9　能耗法确定轧制力矩

1. 实验目的

(1)加深对轧机传动力矩组成的理解;

(2)掌握通过测定能耗确定轧制力矩的方法。

2. 实验原理

轧制力矩和功率是验算轧机主电机能力和传动机构强度的重要参数,必须正确地确定这些参数。

在很多情况下,按轧制时能量消耗来决定轧制力矩是比较方便和合理的,因为在这方面有相对较多的实验资料,计算也比较简便,当轧制条件相同时,计算结果也比较可靠。

(1)轧机传动力矩的组成

轧制时电动机输出的传动力矩 M_e,主要用于克服以下四个方面的阻力矩:轧制力矩 M、空转力矩 M_0、附加摩擦力矩 M_f 和动力矩 M_d,即:

$$M_e = M_f + M_o + M_d \qquad (5-23)$$

式中,i 为电机传动比;M_f 由轧辊轴承的摩擦力矩 M_{f1} 和传动机构的附加摩擦力矩 M_{f2} 两部分组成。对于二辊轧机有

$$M_{f1} = P \cdot d \cdot f_1 \qquad (5-24)$$

和

$$M_{f2} = \left(\frac{1}{\eta} - 1\right) \times \frac{M + M_{f1}}{i} \qquad (5-25)$$

式中,d—— 轧辊辊颈直径;

　　P—— 轧制压力;

　　f_1—— 轧辊轴承的摩擦系数;

　　η—— 轧机的传动效率。

(2)轧制力矩的确定

根据轧制理论

$$M = \eta \cdot N \cdot \omega - P \cdot d \cdot f_1 \qquad (5-26)$$

式中,M—— 轧制力矩;

　　N—— 轧制功率;

　　ω—— 轧轮角速度;

测出 N、ω、P、d,查相关手册得 η 和 f_1,即可确定轧制力矩。

3. 实验设备、工具及材料

(1)双联轧机;

(2)动态电阻应变仪;

(3)计算机数据采集系统;

(4)测力传感器;

(5)转速表、秒表;

(6)单相瓦特表两块;

(7)千分尺、游标卡尺;

(8)记录纸;

(9)铅试样 $H=10mm$ 两块。

4. 实验方法与步骤

(1)传感器标定数据处理

测力传感器标定数据:额定负荷为70kN,灵敏度为2.04mV/V,非线性度为0.12%,滞后0.17%。当传感器满负荷时,其输出:

$$传感器输出=2.04×桥压$$

$$应变仪输出=传感器输出×应变仪放大倍数$$

根据标定数据制作出标定曲线;

(2)轧机准备,齿轮座、减速箱、轴颈上油,擦拭轧辊(**注意从轧件吐出一方擦辊!**)。

(3)试样准备,制作实验要求试样,编号,量测原始尺寸,记录。

(4)测量仪器准备,传感器连线,应变仪、计算机按操作程序给电。

(5)传感器电路调平,启动计算机数据采集系统。

(6)功率表接线采用双表法,如图5-11所示,取两表读值的代数和。量程600V×10A=6000W。

(7)取铅试样两块,以 $\Delta h=2mm$ 轧制,记录每道次相关尺寸、轧制压力、功率、转速并填入表格。

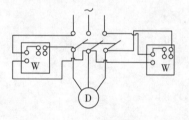

图5-11 双表法测三相电机功率

5. 实验数据表格

实验数据记录见表5-9所列。

表5-9 实验数据记录

道次	Δh	N_1	N_2	n	D	ω	V_1	V_2	η	f_1	d	P	M
1													
2													
3													
1													
2													
3													

6. 实验报告要求

(1)简述实验过程;

(2)根据标定数据制作出力传感器标定曲线;

(3)计算轧制力矩,并给出其中一个道次的力矩计算过程。

5.10　轧机刚度系数的测定

1. 实验目的

通过实验进一步理解轧机刚度的意义,明确其重要性,并掌握测定轧机刚度系数的方法。

2. 实验原理

轧机在轧制时产生的巨大轧制力,通过轧辊、轴承、压下螺丝,最后传递给机架。所有这些零部件在轧制力作用下都要产生弹性变形。

在轧制压力的作用下轧辊产生压扁和弯曲,把它相加起来就构成轧辊的弹性变形,轧辊弹性变形和轧制压力的关系曲线称为轧辊弹性曲线,该曲线近似呈直线。

同样,轧辊轴承及机架等在负荷作用下也要产生弹性变形,该弹性变形相对于负荷所做的弹性曲线在最初阶段由于装配表面的不平和公差等原因有一个弯曲段,过后也可视为直线。

考虑了轧辊和轧机机架的弹性变形曲线后,整个轧机的弹性曲线则为它们的总和。已知轧机曲线的直线段斜率为常数,该斜率称为轧机的刚度系数,其物理意义是使轧机产生弹性变形所需施加的负荷量。由于曲线下部有一个弯曲段,所以直线段与横坐标并不相交于原点,而是 S_0 处。如果把轧机的初始辊缝也考虑进去,那么曲线段也将不由坐标零点开始,如图 5-12 所示。

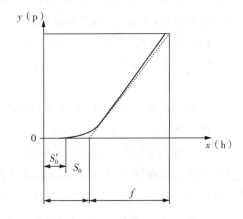

图 5-12　轧机刚度系数示意图

两轧辊之间的间隙在受载时比空载时大,把空载时的间隙称为初始辊缝 S_0',把受载时辊缝的弹性增大量称为弹跳值 f。f 从总的方面反映了机座受力后变形的大小。显然,f 与轧制力 P 的大小成正比。在相同的轧制力作用下,f 越小则该轧机的刚性越好。

以纵坐标表示轧制力,以横坐标表示轧辊的开口度,由实验方法制作出轧机的弹性变形曲线,该曲线与横坐标轴的交点即为初始辊缝 S_0'。在轧制负荷较低时有一个非线性段,但在高负荷部分曲线的斜率逐渐增加,趋向一个固定值,该固定值即为机座的刚度系数。固定斜率直线段与横坐标的交点即为包含初始辊缝和机架装配间隙的实际辊缝 S_0。

显然,刚度系数 K 就是当轧机的辊缝值产生单位距离的变化时所需的轧制力的增量值,即

$$K = \frac{\Delta P}{\Delta f} \tag{5-27}$$

当轧机弹性曲线为一条直线时,此时刚度系数可表示为:

$$K = \frac{P}{f} \tag{5-28}$$

则轧出的板材厚度可用下式表示:

$$h = S_0 + f = S_0 + \frac{P}{K} \tag{5-29}$$

即

$$P = K(h - S_0) \tag{5-30}$$

式(5-30)为轧机的弹性变形曲线方程,表示轧制力大小与轧出的板材厚度之间的关系。

3. 实验设备、工具及材料

(1)Φ150 实验轧机;

(2)压力传感器,应变仪,示波器或计算机数据采集系统;

(3)游标卡尺,千分尺,标准测量垫片;

(4)铝试件 5mm×35mm,4mm×35mm,3mm×35mm,2mm×35mm 各一块;

(5)铅试件 1.2mm×35mm,1.6mm×35mm,2mm×35mm 各一块。

4. 实验步骤

(1)检查仪器是否预备好,若预备好接上传感器;

(2)在压下螺丝下面放置传感器;

(3)在传感器未受载时将传感器输出到应变仪的信号调平;

(4)预调初始辊缝 S_0' 至 1mm,用标准测量垫片测量;

(5)取铅试件,在调好的辊缝中依次进行轧制,记录轧制压力,测出实际辊缝 S_0;

(6)将铝试件按顺序编号,测量原始尺寸,进行轧制,同时记录轧制压力;

(7)测量每道次铝试件轧后厚度,填入表格。

5. 实验数据表格

实验数据记录见表 5-10 所列。

表 5-10　实验数据记录

试样号	材质	H	h	压下量	S_0'	P	S_0	f	K
0	垫片								
1	铅								
2	铅								
3	铅								

（续表）

试样号	材质	H	h	压下量	S'_0	P	S_0	f	K
1	铝								
2	铝								
3	铝								
4	铝								

6. 实验报告要求

(1)简述实验过程；

(2)由实验数据绘出轧机的弹性变形曲线；

(3)由实验曲线计算出 S_0、f、K，并对结果进行分析。

第6章 轧制工艺综合实验

6.1 概 述

轧制工艺综合实验是为配合轧制方向的专业课[如塑性加工学1(轧制)、塑性加工设备、材料成型过程控制、板形与尺寸精度控制技术、控轧与控冷]等课程而设立的相关实验,包括电参数法建立典型轧制工艺参数数学模型、建立变形抗力多元线性回归模型、建立应力状态系数多项式回归模型、Bland-Ford-Hill冷轧压力模型建立、轧后样品无损检测及内部缺陷的显微观察和平辊轧制过程中的板形控制及板形缺陷分析研究等综合实验。

电参数法建立典型轧制工艺参数数学模型实验的目的是通过研究、分析和建立典型轧制工艺数学模型,使学生在工艺参数测试、实验数据处理和综合分析建模方面得到一次全面的综合训练,有助于学生对塑性加工学1(轧制)、材料成型过程控制、轧制参数测试等课程中的内容有更深入的理解,同时培养学生掌握材料成型及控制工程相关专业知识,能够选择数学模型,提升综合比较材料成型工程问题的解决方案的能力。

建立变形抗力多元线性回归模型实验的目的是通过实验使学生掌握多元线性模型和可以化为线性模型的非线性模型的参数计算方法。让学生学会应用一种算法语言编程及程序调试等计算机操作技能,另外进一步深入理解课程塑性加工力学中影响变形抗力因素的内容。

建立应力状态系数多项式回归模型的目的是通过实验使学生掌握高斯-约当消元法并应用此法建立应力状态系数多项式回归模型。另外让学生进一步深入理解课程塑性加工原理(轧制)中影响应力状态系数因素的内容。

Bland-Ford-Hill冷轧压力模型建立实验的目的是通过本实验掌握用迭代计算求解Bland-Ford-Hill冷轧压力模型的数学方法,同时进一步深入理解课程塑性加工原理(轧制)中Bland-Ford-Hill冷轧压力模型的内容。

轧后样品无损检测及内部缺陷的显微观察实验的目的是通过实验使学生能更深入、实际地了解超声波检测方法所用仪器设备的构成和主要性能,以及设备的基本操作方法,掌握超声波检测时缺陷信号的辨别及内部缺陷位置的测定和缺陷当量的计算和利用金相显微镜观察和辨别常见缺陷的基本方法。有助于学生对塑性加工学1(轧制)、塑性加工金属学和金属学与热处理的学习。同时培养学生使用现代工程工具,分析研究材料成型及控制工程领域的复杂工程问题及现象的能力。

平辊轧制过程中的板形控制及板形缺陷分析实验的目的是通过实验使学生能更直

观地理解板形、板形控制的基本概念;了解常见板形缺陷的种类、特征、产生部位,分析不同条件下轧后板形缺陷产生的原因;掌握板形缺陷的不同表示方法;理解并掌握改善板形缺陷方法手段及可行性;提高团队设计、研究、动手及团队协作能力;有助于学生对塑性加工学 1(轧制)、板形与尺寸精度控制技术的学习,同时培养学生能够运用工程科学的基本原理,分析材料成型及过程控制领域中的复杂工程问题的关键环节和因素,并获得有效结论的能力。

6.2　电参数法建立典型轧制工艺参数数学模型

1. 实验目的

本实验通过研究、分析和建立典型轧制工艺数学模型,使学生在工艺参数测试、实验数据处理和综合分析建模方面得到一次全面的综合训练。

2. 实验设备及工具和材料

(1)双联实验轧机;

(2)万能材料实验机;

(3)动态电阻应变仪;

(4)计算机数据采集系统;

(5)功率表;

(6)转速测量仪器;

(7)压力传感器;

(8)计算机工作站。

3. 实验步骤和要求

(1)选择一个典型工艺参数作为建模对象,进行背景理论探讨。

(2)针对建模对象设计实验方案,进行可行性论证。注意现有设备的限制条件。

(3)从试样、实验设备、测试方法和仪器等方面进行准备。

(4)按照实验方案认真进行实验,仔细记录实验采集数据,注意分析实验结果,剔除误差的影响;

(5)选择计算方法,编制计算机程序;

(6)上机实际计算,建立数学模型;

(7)对所得结果进行综合性分析,写出实验报告。

4. 范例——用电参数法建立能耗模型

(1)能耗的理论基础

在轧制过程中,单位重量(或体积)轧件产生一定变形所消耗的功,称为能耗。轧制功理论是建立能耗模型的理论基础。

从一个单纯的压缩模型,如忽略压缩过程中加工硬化和摩擦的影响,不考虑弹性变形功,可以得到:

$$E = \overline{P} \ln \frac{H}{h} \qquad\qquad (6-1)$$

式中，$\bar{P}$——平均单位压力；

  H,h——轧前和轧后坯料的厚度；

  E——能耗。

  虽然该模型不具备应用价值，但是它可以告诉我们，凡是能够影响平均单位压力的因素，都影响能耗。所以能耗模型具有很强的条件性，在使用能耗模型时，一定要注意这种条件性，不能生搬硬套。本范例旨在帮助同学掌握模型的建立方法。

  (2)能耗模型的基本结构

  模型结构反映轧制过程的内在规律，对实验数据的拟合精度有着本质的影响。确定模型结构包括两方面的工作：

  第一是正确选取自变量。在选取自变量时，应根据专业理论知识，把影响本实验过程的主要因素作为自变量。一般情况下，选取的自变量个数越少，模型越容易建立。对比较复杂的轧制过程，用一个自变量不能很好地反映过程特性，则需要考虑多个自变量。在这种情况下，则需要正确地确定各自变量之间的相互关系。

  第二是正确确定模型的结构形式。只有一个自变量的情况下，只要正确做出实验数据的散点图，就可以较正确地确定合理的模型结构形式。但对于多个自变量的情况，必须根据所学的专业基础知识，或参考理论模型结构，才能较正确地确定合理的结构形式。

  由于能耗具有很强的条件性，工程上使用的能耗模型大多数以根据实测数据绘制的能耗曲线为依据。常用公式模型形式有：$E=f(h)$ 和 $E=f(\lambda)$。如

$$E=\beta_0(\lambda-1)\beta_1 \tag{6-2}$$

$$E=\frac{\beta_0}{(\beta_1+h)+\beta_2} \tag{6-3}$$

有时也采用 $E=f(\ln\lambda)$ 二次曲线拟合公式：

$$E=\beta_2(\ln\lambda)^2+\beta_1\ln\lambda+\beta_0 \tag{6-4}$$

式中，λ——压下系数，$\lambda=H/h$；

  H、h——轧件入口和出口厚度；

  β_0、β_1、β_2——实验待定参数。

  (3)用电参数法测定能耗模型所需的数据

  所谓电参数法是测定电机的电枢电流 I 和端电压 V，或直接测定电机的输出功率 N，同时测量和记录轧件厚度 h_0 和轧件宽度 B_0，及轧件出口厚度 h、轧辊转速 n 和轧机空转能耗 E_0(张力轧制时还要测定机架的前张力 Q_h 和后张力 Q_H)。

  对于板带钢来说，单位能耗曲线一般表示为每吨产品的能量消耗与板带厚度 h 的关系曲线。若某道次的单位能耗为 ΔE_i，则该道次总能耗为

$$A=\Delta E_i \cdot G=N \cdot t \tag{6-5}$$

故有

$$\Delta E_i=\frac{N \cdot t}{G} \tag{6-6}$$

式中, N—— 轧制时的有功功率;

T—— 轧制时间;

G—— 轧件重量。

测出每道次的 t_i、N_i、G_i、h_i,再计算出 ΔE_i,则可做出单位能耗实验曲线散点图(ΔE_i-h_i 关系曲线,用坐标纸)。将实验数据填入表格 6-1。

表 6-1 实验数据记录

道次	h_i	λ_i	$\ln\lambda_i$	N_{1i}	N_{2i}	N_{01i}	N_{02i}	N_i	n_i	L_i	t_i	E_i	ΔE_i
1													
2													
3													
4													
5													
6													
7													
8													
9													
10													
D:		d:		G:		H_0:		η:		f_1:			

在进行实验前,必须全面考虑影响目标量的各种因素。在变量较多的情况下,采用回归设计的方法制订最优的实验方案。

在进行实验时,严格保持实验条件稳定,精心操作,详细记录,对所获得的实验数据正确判断、筛选和分析,最终整理出图表。

(4) 建立能耗模型

根据原始数据和实验数据,进行数据处理,算出道次能耗和累计能耗值。

根据测定的道次单位能耗 ΔE_i,计算道次累计能耗

$$E = \sum_{i=1}^{n} \eta \cdot \Delta E_i \cdot G \tag{6-7}$$

式中, η—— 轧机传动效率。

实测能耗包含空转能耗和摩擦能耗,因此在能耗累计时要将其扣除。

选择模型结构型式,应用回归方法或最优化方法来确定模型参数。

采用 $E = f(\ln\lambda)$ 二次曲线拟合公式:

$$E = \beta_2 (\ln\lambda)^2 + \beta_1 \ln\lambda + \beta_0 \tag{6-8}$$

方法 1:计算延伸率 λ_i 的对数值 $\ln\lambda_i$,将其值和每道次累计能耗 E_i 的数据输入 ORIGIN,在 PLOT 菜单中选择 LIN 命令,绘出线图,在 FIT 菜单中选择 Polynomial Regression 命令,选择拟合次数(次数为 2),由其确定的多项式系数,写出能耗模型。

伸长率 λ_i：

$$\lambda_i = \frac{H_0}{h_i} \qquad (6-9)$$

式中，H_0、h_i——轧件初始厚度和第 i 次压下厚度。

方法2：运用 MATLAB 对实验数据进行处理，应用多项式回归分析方法来确定模型中的最佳参数，建立能耗模型，并对模型进行校核和修正。

5. 实验数据表格

实验数据记录见表 6-1 所列。

6. 简述实验报告要求

(1)给出实验方案与原理；

(2)根据实验数据，绘制散点图；

(3)分析测量误差；

(4)探讨建立模型的理论；

(5)给出拟合的模型及拟合曲线；

(6)分析所建模型。

6.3　建立变形抗力多元线性回归模型

1. 实验目的

通过本实验掌握多元线性模型和可以化为线性模型的非线性模型的参数计算方法。学会应用一种算法语言编程及程序调试等计算机操作技能。

2. 实验内容和要求

已知钢的变形阻力 σ 是变形温度 T，变形速度 μ 和变形程度 ε 的函数，即

$$\sigma = f(T,\mu,\varepsilon) = e^{(b_0+b_1 T)} \mu^{(b_2+b_3 T)} \varepsilon^{b_4} \qquad (6-10)$$

根据表 6-2 实测的 20 组数据用多元线性回归方法确定参数 b_0,b_1,b_2,b_3,b_4 的值，建立回归方程。

表 6-2　实测数据

α	$\varepsilon/\%$	$\mu/(1 \cdot \sec^{-1})$	$T/℃$	$\sigma/(kg \cdot mm^{-2})$
1	0.4	1	850	11.18
2	0.4	1	1000	6.78
3	0.4	1	1200	3.51
4	0.4	5	850	13.25
5	0.4	5	1000	8.69
6	0.4	5	1200	4.95

（续表）

α	$\varepsilon/\%$	$\mu/(1 \cdot \sec^{-1})$	$T/℃$	$\sigma/(\mathrm{kg} \cdot \mathrm{mm}^{-2})$
7	0.3	1	850	10.86
8	0.3	1	1050	5.62
9	0.3	1	1150	4.04
10	0.3	10	850	13.94
11	0.3	10	1100	7.27
12	0.3	30	900	14.02
13	0.2	1	950	7.57
14	0.2	5	1000	8.22
15	0.2	10	1050	8.02
16	0.2	20	1100	8.01
17	0.1	5	1150	4.67
18	0.1	10	850	11.71
19	0.05	10	1200	4.08
20	0.05	30	1200	5.71

3. 实验原理与计算方法

（1）计算原理

① 用坐标变换法把 $\sigma = f(T, \mu, \varepsilon)$ 模型化为线性模型；

② 求出正规方程的系数矩阵和右端项系数；

③ 求解正规方程，得到 b_1、b_2、b_3、b_4 及 b_0 的值；

④ 检验各自变量作用的显著性；

⑤ 将线性模型反变换为非线性模型。

（2）计算步骤

① 对 $\sigma = f(T, \mu, \varepsilon) = \mathrm{e}^{(b_0 + b_1 T)} \mu^{(b_2 + b_3 T)} \varepsilon^{b_4}$ 两边取自然对数，有

$$\ln\sigma = b_0 + b_1 T + b_2 \ln\mu + b_3 T\ln\mu + b_4 \ln\varepsilon \tag{6-11}$$

如果令 $x_1 = T, x_2 = \ln\mu, x_3 = T\ln\mu, x_4 = \ln\varepsilon, y = \ln\sigma$，则

$$y = b_0 + b_1 x_1 + b_2 x_2 + b_3 x_3 + b_4 x_4 \tag{6-12}$$

即 y 是 x_1, x_2, x_3, x_4 的线性函数，其中 b_0, b_1, b_2, b_3, b_4 为回归系数。

② 对于给定的 n 组实验数据 $(x_{\alpha 1}, x_{\alpha 2}, \cdots, x_{\alpha p}, y_{\alpha})$，$\alpha = 1 - n$，根据最小二乘原理，为使

$$Q = \sum_{\alpha=1}^{n} (y_{\alpha} - \hat{y}_{\alpha})^2 \tag{6-13}$$

达到最小,应有$\frac{\partial Q}{\partial b_1}=0$,由此可建立如下正规方程组:

$$\begin{cases} l_{11}b_1+l_{12}b_2+\cdots+l_{1p}b_p=l_{1y} \\ l_{21}b_1+l_{22}b_2+\cdots+l_{2p}b_p=l_{2y} \\ \qquad\cdots\cdots \\ l_{p1}b_1+l_{p2}b_2+\cdots+l_{pp}b_p=l_{py} \end{cases}$$

式中,

$$l_y=\sum_{a=1}^{n}x_{ai}x_{aj}-\frac{1}{n}\sum_{a=1}^{n}x_{ai}\sum_{a=1}^{n}x_{aj}(1\leqslant i\leqslant p,1\leqslant j\leqslant p), \tag{6-14}$$

$$l_{iy}=\sum_{a=1}^{n}x_{ai}y_a-\frac{1}{n}\sum_{a=1}^{n}x_{ai}\sum_{a=1}^{n}y_a(1\leqslant i\leqslant p), \tag{6-15}$$

解此方程组可用矩阵解法。

令 $\quad L=\begin{pmatrix} l_{11} & l_{12} & \cdots & l_{1p} \\ l_{21} & l_{22} & \cdots & l_{2p} \\ \vdots & \vdots & & \vdots \\ l_{p1} & l_{p2} & \cdots & l_{pp} \end{pmatrix}, B=\begin{pmatrix} b_1 \\ b_2 \\ \vdots \\ b_4 \end{pmatrix}, y=\begin{pmatrix} l_{1y} \\ l_{2y} \\ \vdots \\ l_{3y} \end{pmatrix}, \quad z \quad$ 则 $B=L^{-1}Y$

计算 L^{-1} 可以采用全选主高斯-约当法。

③ 计算 y 估计值 $\qquad \hat{y}_k=b_0+b_1x_1+\cdots+b_px_p \tag{6-16}$

回归平方和 $\qquad\qquad U=\sum_{k=1}^{n}(\hat{y}_k-\bar{y})^2 \tag{6-17}$

残差平方和 $\qquad\qquad Q=\sum_{a=1}^{n}(y_a-\hat{y}_a)^2 \tag{6-18}$

统计量 $\qquad F=\dfrac{u/p}{Q/(n-p-1)}-F_a(p,n-p-1) \tag{6-19}$

若 $F>F_a(p,n-p-1)$,表明回归显著,回归系数可接受;
若 $F<F_a(p,n-p-1)$,表明回归不显著,回归系数不可接受。

④ 计算偏回归平方和 $\qquad V_i=\dfrac{b_i{}^2}{c_{ii}} \tag{6-20}$

式中,c_{ii} 为 L^{-1} 的元素,$1\leqslant i\leqslant p$。

统计量 $\qquad F_a=\dfrac{V_i}{Q/(n-p-1)}-F_a(1,n-p-1) \tag{6-21}$

若 $F_i>F_a(1,n-p-1)$,表明对应的自变量 x_i 的作用显著;

若 $F_i < F_\alpha(1, n-p-1)$，表明对应的自变量 x_i 的作用不显著。

4. 其他说明

(1) 本实验中 $n = 20$，$p = 4$，α 取 $1 - 0.95 = 0.05$，查 F 分布表可知：

$$F_{0.05}(4, 15) = 3.06, \quad F_{0.05}(1, 15) = 4.54。$$

(2) 该模型的建立可用 MATLAB 实现，也可用其他所学计算机语言（如 VB）实现。

5. 实验报告要求

(1) 简述实验方案和原理；

(2) 给出计算过程和结果。

6.4　建立应力状态系数多项式回归模型

1. 实验目的

掌握高斯－约当消元法并应用此法建立多项式回归模型。

2. 实验内容和要求

在轧制压力计算中，应力状态系数 n_σ 与变形程度 ε、轧辊半径 R 和轧件出口厚度 h 有相关关系。

$$n_\sigma = f\left(\varepsilon, \sqrt{\frac{R}{h}}\right) = b_0 + b_1\varepsilon + b_2\sqrt{\frac{R}{h}} + b_3\varepsilon^2 + b_4\varepsilon\sqrt{\frac{R}{h}} + b_5\varepsilon^2\sqrt{\frac{R}{h}} + b_6\varepsilon^3$$

$$(6-22)$$

已知：在 200 轧机上实测 16 组数据，实测数据见表 6-3 所列。轧辊半径 $R = 100$，用多项式回归法确定 n_σ 的回归模型的待定参数 $b_0, b_1, b_2, b_3, b_4, b_5, b_6$。

表 6-3　实测数据

序号	ε	h	n_σ	序号	ε	h	n_σ
1	0.35	1.23	2.3952	9	0.16	2.5	1.4937
2	0.30	1.4	2.1698	10	0.10	2.7	1.2919
3	0.25	1.5	1.8680	11	0.37	2.5	2.0985
4	0.15	1.7	1.4919	12	0.27	2.9	1.6882
5	0.10	1.8	1.4355	13	0.23	3.05	1.5858
6	0.40	1.8	2.3914	14	0.17	3.3	1.5183
7	0.33	2.0	2.0512	15	0.10	3.6	1.2340
8	0.26	2.2	1.9003	16	0.05	3.8	1.0790

3. 实验原理和计算方法

(1) 增广矩阵 $\boldsymbol{L} = [L \mid Ly]$ 求逆法

（2）计算步骤

● 用变量代换法，将

$$n_\sigma = f(\varepsilon, \sqrt{\frac{R}{h}}) = b_0 + b_1\varepsilon + b_2\sqrt{\frac{R}{h}} + b_3\varepsilon^2 + b_4\varepsilon\sqrt{\frac{R}{h}} + b_5\varepsilon^2\sqrt{\frac{R}{h}} + b_6\varepsilon^3$$

$$(6-23)$$

化为：
$$y = b_0 + b_1x_1 + b_2x_2 + b_3x_3 + b_4x_4 + b_5x_5 + b_6x_6 \qquad (6-24)$$

● 对给定的 n 组实测数据 $(x_{a1}, x_{a2}, \cdots, x_{a6}, y_a)$ 进行处理，并使

$$Q = \sum_{a=1}^{n}(y_a - \hat{y}_a)^2 \qquad (6-25)$$

达到最小，根据 $\frac{\partial Q}{\partial b_1} = 0$ 正规方程：

$$\begin{cases} l_{11}b_1 + l_{12}b_2 + \cdots + l_{1p}b_p = l_{1y} \\ l_{21}b_1 + l_{22}b_2 + \cdots + l_{2p}b_p = l_{2y} \\ \vdots \\ l_{p1}b_1 + l_{p2}b_2 + \cdots + l_{pp}b_p = l_{py} \end{cases} \qquad (6-26)$$

式中，$l_y = \sum_{a=1}^{n} x_{ai}x_{aj} - \frac{1}{n}\sum_{a=1}^{n} x_{ai}\sum_{a=1}^{n} x_{aj}(1 \leqslant i \leqslant p, 1 \leqslant j \leqslant p)$ （6-27）

● 求解 $L = [L \mid L_y]$ 的逆矩阵得 b_1、b_2、b_3、b_4、b_5、b_6。

$$b_0 = \bar{y} - b_1\bar{x}_1 - b_2\bar{x}_2 - \cdots - b_6\bar{x}_6 \qquad (6-28)$$

● 计算偏回归平方和

$$V_i = \frac{b_i^2}{c_{ii}} \qquad (6-29)$$

式中，c_{ii} 为 L^{-1} 的元素，$1 \leqslant i \leqslant p$。

统计量
$$F_a = \frac{v_i}{Q/(n-p-1)} - F_a(1, n-p-1) \qquad (6-30)$$

若 $F_i > F_a(1, n-p-1)$，表明对应的自变量 x_i 的作用显著；

若 $F_i < F_a(1, n-p-1)$，表明对应的自变量 x_i 的作用不显著。

剔除之，并对其余的待定参数进行修正：

$$b_j^* = b_j - \frac{C_{ij}}{C_{ii}}b_1, j = 1 - p(j \neq i) \qquad (6-31)$$

式中，b_j 为原参数，b_j^* 为修正后的参数，C_{ij}、C_{ii} 为 L^{-1} 的元素。

4. 实验结果分析

待定参数: $b_0 = 0.674255, b_1 = 1.067961, b_2 = 0.054651, b_3 = 2.850110, b_4 = 0.320547, b_5 = 0.126591, b_6 = 2.376834$

统计量: $F = 7927.02$

剩余标准差: $S_y = 0.007089$

最终回归模型:

$$n_\sigma = 0.693712 + 0.386833\varepsilon + 0.56653\sqrt{\frac{R}{h}} + 0.348707\varepsilon\sqrt{\frac{R}{h}} \qquad (6-32)$$

$$F = 12634.80, S_y = 0.007989$$

5. 其他说明

(1) $F_{0.05}(1,9) = 5.12$

$\quad F_{0.05}(1,10) = 4.96$

$\quad F_{0.05}(1,11) = 4.84$

$\quad F_{0.05}(1,12) = 4.75$

(2) 该模型的建立可用 MATLAB 实现也可用其他所学计算机语言(如 VB)实现。

6. 实验报告要求

(1) 简述实验方案和原理;

(2) 给出计算过程和结果。

6.5 Bland - Ford - Hill 冷轧压力模型计算

1. 实验目的

通过本实验掌握用迭代计算求解函数模型的数学方法。

2. 实验要求

(1) 五机架连轧轧制力预报计算

已知: $H_0 = 3.00$mm, $D = 580$mm, $B = 1000$mm,乳化液润滑、冷却。实测数据见表 6 - 4 所列。

表 6 - 4 实测数据

机架号	1	2	3	4	5
H_i/mm	3.00	2.343	1.942	1.589	1.297
H_i/mm	2.343	1.942	1.589	1.297	1.200
t_{fi}/(kg/mm²)	14.9	12.9	12.9	13.8	2.8
T_{bi}/(kg/mm²)	2.7	14.9	12.9	12.9	13.8

钢种 B_2F：$a_1 = 90.61$，$a_2 = 0.09962$，$a_3 = 0.38$

f 取值为：$f_1 = 0.096$，$f_2 = 0.071$，$f_3 = 0.053$，$f_5 = 0.074$。

$$\mu_\Sigma = 0.4, v = 0.3, \alpha = 3.33, E = 2.2 \times 10^5。$$

（2）冷轧带钢计算

已知：$B = 348$，$H_0 = 3.00\,\text{mm}$，

钢种 08F：$a_1 = 84$，$a_2 = 0.009964$，$a_3 = 0.30$

来料：$348 \times 3 \rightarrow 348 \times 2.1$

$\qquad 348 \times 2.1 \rightarrow 348 \times 1.6$

$\qquad 348 \times 1.6 \rightarrow 348 \times 1.25$

$\qquad 348 \times 1.25 \rightarrow 348 \times 1.0$

$D_\text{工} = 170 \times 600$，$D_\text{支} = 400 \times 600$，$t_b = 0$，$t_f = 1000\,\text{kg/h} \times B$.

通过计算观察，当 $f(f = 0.05 \sim 0.10)$ 变化时，P_B 和 P 的变化情况。

3. 实验原理

已知冷轧压力计算的一组模型。

轧制力的模型 $\qquad\qquad\qquad p = p_B \times B$

$$P_B = \bar{k} \times l' \times Q_p \times n_t \qquad\qquad (6-33)$$

其中变形抗力模型 $\bar{k} = a_1 (\bar{\varepsilon} + a_2)^{a_3}$；$a_1, a_2, a_3$ 为系数。

平均变形程度 $\qquad\qquad \bar{\varepsilon} = \mu_\Sigma \varepsilon_H + (1 - \mu_\Sigma)\varepsilon_H \qquad\qquad (6-34)$

入口处的积累变形程度 $\qquad \varepsilon_H = 1 - \dfrac{H}{H_0} \qquad\qquad (6-35)$

出口处积累变形程度 $\qquad \varepsilon_h = 1 - \dfrac{h}{H_0} \qquad\qquad (6-36)$

张力系数子模型 $\qquad n_t = 1 - \dfrac{(\alpha - 1)t_b + t_f}{\alpha \bar{k}} \qquad\qquad (6-37)$

变形区压扁弧长 $\qquad l' = \sqrt{R' \Delta h} \qquad\qquad (6-38)$

压扁半径 $\qquad R' = R(1 + \dfrac{C_0 P_B}{H - h}) \qquad\qquad (6-39)$

参数 $C_0 = \dfrac{16(1 - v^2)}{\pi E}$，其中 v 为工作辊的泊松比；E 为杨氏模量。

外摩擦影响系数子模型 $\quad Q_p = 1.08 + 1.79\varepsilon f \sqrt{\dfrac{R'}{H}} - 1.02\varepsilon \qquad (6-40)$

道次变形程度 $\qquad\qquad \varepsilon = \dfrac{H - h}{H} \qquad\qquad (6-41)$

4. 其他说明

该模型的计算可用 MATLAB 实现也可用其他所学计算机语言（如 VB）实现。

5. 实验报告要求
(1)简述实验方案和原理;
(2)给出计算过程和结果。

6.6　轧后样品无损检测及内部缺陷的显微观察

1. 实验目的
(1)了解超声波检测方法所用仪器设备的构成和主要功能,以及设备的基本操作;
(2)掌握超声波检测时缺陷信号的辨别及内部缺陷位置的测定和缺陷当量的计算;
(3)掌握利用金相显微镜观察和辨别常见缺陷的基本方法。

2. 实验原理
(1)超声波检测原理

超声波检测是指用超声波来检测材料和工件,并以超声波检测仪作为显示方式的一种无损检测方法。超声波检测的实质:首先使工件被检部位处于一个超声场中,工件若无不连续分布(如无缺陷等),则超声场在连续介质中的分布是正常的。若工件中存在不连续分布(如有缺陷等),则超声波在异质界面上产生反射、折射和透射,使超声场的正常分布受到干扰。使用一定的方法测出这种异常分布相对于正常分布的变化,并找出它们之间的变化规律。通过发射和接收器接收并进行分析,就能测出缺陷,而且能够对这一部分的内部缺陷的位置和大小进行大致的确定,材料厚度都会显示出来,这就是超声波探伤的任务,其原理图如图 6-1 所示。

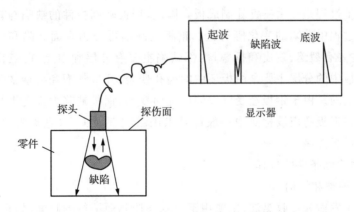

图 6-1　超声波探伤基本原理图

超声波是频率大于 20kHz 的一种机械波(相对于频率范围在 20Hz~20kHz 的声波而言)。超声波检测用的超声波,其频率范围一般为 0.25MHz~10MHz。用于金属材料超声波检测的超声波,其频率范围通常为 0.5MHz~10MHz;而用于普通钢铁材料超声波检测的超声波,其频率范围通常为 1MHz~5MHz。

超声波检测按显示缺陷方式不同分为 A 型、B 型、C 型等超声波检测,按选用超声波波形不同分为纵波法、横波法、表面波法超声波检测,按耦合方式不同分为直接接触法、液浸法超声检测。

(2)超声无损检测技术的典型应用

① 铸件检测

铸件具有组织不均匀、组织不致密、表面粗糙和形状复杂等特点,因此,常见的缺陷有孔洞类(包括缩孔、缩松、疏松、气孔等),裂纹冷隔类(冷裂、热裂、白带、冷隔和热处理裂纹),夹杂类以及成分类(如偏析等)。铸件的上述特点造成了铸件检测有其特殊性,检测时一般用较低的超声频率,如 0.5MHz~2MHz,因此,检测灵敏度也低,杂波干扰严重,缺陷检测要求低。铸件常用的超声波检测方法有直接接触法、液浸法、反射法和波底衰减法。

② 锻件检测

锻件中的缺陷主要来源于两方面:一方面,材料铸造过程中形成的缩孔、缩松、夹杂及偏析;另一方面,热处理中产生的白点、裂纹和晶粒粗大。锻件的缺陷多呈面形和长条形的特征,且超声波检测技术对面形缺陷检测最为有利,锻件是超声波检测的实际应用的主要对象。锻件的组织很细,由此引起的声波衰减和散射影响相对较小。因此,锻件有时可以用较高的检测频率(10MHz)满足高分辨检测能力的要求,以及达到较小尺寸缺陷检测目的。锻件可采用液浸法和直接接触法进行检测。

③ 焊接接头检测

许多金属结构件都采用焊接方法制造。超声波检测是对焊接接头质量进行评估的重要检测手段之一。焊缝超声波检测常见的缺陷有气孔、夹渣、未融合、未焊透和焊接裂纹等。焊缝探伤一般采用斜射横波法接触,在焊缝两侧进行扫查。探头频率通常为 2.5MHz~5.0MHz。

④ 轧制板件检测

轧件的加工过程是先由铸锭轧制成板。因此,钢板轧制板件的缺陷与铸锭中原有的缺陷以及轧制过程中缺陷的变化等有关。钢板的缺陷可分为表面缺陷和内部缺陷两大类,表面缺陷主要有裂缝、重皮和折叠;内部缺陷主要有分层和白点,白点仅可能出现于厚钢板中。钢板中的分层主要是由板坯中的缩孔残余、开口气泡和夹杂物等在轧制过程中未压合而形成的。由于钢板经受巨大的压延而变形,钢板缺陷大都是平行于板面的片状缺陷。所以在钢板超声波检测中一般都是采用纵波直探头(单直探头或双晶直探头)在钢板的表面进行探测。

(3)超声波检测条件的选择

① 探头的种类和结构

直探头用于发射和接收纵波,主要用于探测与探测面平行的缺陷,如板材、锻件探伤等。斜探头可分为纵波斜探头、横波斜探头和表面波斜探头,常用的是横波斜探头。横波斜探头主要用于探测与探测面垂直或成一定角度的缺陷,如焊缝、汽轮机叶轮等。当斜探头的入射角大于或等于第二临界角时,在工件中产生表面波,表面波探头用于探测表面或近表面缺陷。

探头晶片尺寸对检查的影响主要是通过其对声场的影响。多数情况下,检测大厚度的试件时,采用大直径探头较为有利;检测厚度较小试件时,则采用小直径探头较为有利。

② 耦合剂选择

超声耦合是指超声波在检测面上的声强透射率。声强透射率高,超声耦合好。为了改善探头与工件间声能的传递性能,在探头和检测面之间加了一层液体薄层,此液体薄层称为耦合剂。耦合剂可填充探头与工件间的空气间隙,使超声波能够传入工件,这是使用耦合剂的主要目的。耦合剂还有减少摩擦的作用。

常用耦合剂有水、甘油、机油、变压器油、化学糨糊等。

③ 试块的作用及分类

试块是按一定用途设计制作的具有简单几何形状的人工反射体的试样。试块和仪器、探头一样,均是超声波探伤中的重要工具。

确定探伤灵敏度:超声波探伤灵敏度太高或太低都不好,太高杂波多,判伤困难,太低会引起漏检。因此在超声波探伤前,常用试块上某一个特定的人工反射体来调整探伤灵敏度。

试块的作用。测试探头的性能:超声波探伤仪和探头的一些重要性能,如放大线性、水平线性、灵敏度余量、分辨率、盲区、探头的入射点、K 值等,都是利用试块来测试的。调整扫查速度:利用试块可以调整仪器屏幕上水平刻度值与实际声称之间的比例关系,即扫查速度,以便对缺陷进行定位。评定缺陷的大小:利用某些试块绘出的距离-波幅-当量曲线(即使用 AVG)来对缺陷定量是目前常用的定量方法之一。

试块的分类。按试块来历分为标准试块和对比试块,按试块上人工反射体分为平底孔试块、横孔试块和槽型试块等。

缺陷的位置、大小测定。超声波探伤的最终目的就是确定工件中缺陷的位置、大小,将探伤数据、工件结构及生产工艺概况进行归纳总结,根据缺陷情况对工件进行评级,才能确定工件结构的内部的质量。

④ 缺陷位置的确定

缺陷位置的确定是超声波检测的主要任务之一。检测中发现缺陷波以后,应根据示波屏上缺陷波的位置以及扫描速度来确定缺陷在工件中的位置。在常规超声检测中缺陷定位方法分为纵波直探头定位和横波斜探头定位两种。

用直探头纵波检测时,仪器水平刻度表示缺陷的深度,B 为工件底面反射波,F 为缺陷反射波。若仪器按 1 : n 的比例调节扫描速度,则缺陷深度为

$$x_f = n\tau_f \tag{6-42}$$

式中,x_f——缺陷在工件中的深度;

　　　n——探伤仪调节比例系数;

　　　τ_f——示波屏上缺陷波前沿所对应的水平刻度值。

用横波斜探头探测时根据折射角和声程来确定缺陷位置,方法有:声程定位法、水平定位法和深度定位法三种。

⑤ 缺陷大小的测定

测定工件的缺陷的大小和数量称为缺陷定量。工件中缺陷是多种多样的,但就其大小而言,可分为小于声束截面和大于声束截面两种,对于前者的缺陷定量一般使用当量法,而对于后者的缺陷定量常采用探头移动法。

当量法:将已知形状和尺寸的人工缺陷(平底孔或横孔)回波与探测到的缺陷回波相比较,如二者的声程、回波相等,这个已知的人工缺陷尺寸就是被探测到的缺陷的所谓缺陷当量。"当量"概念仅表示缺陷与该尺寸人工反射体对声波的反射能量相等,并不涉及尺寸与人工反射体尺寸相等的含义。依照在一定探测灵敏度下所得的缺陷波高(高于或低于灵敏度基准波高)的 dB 数,计算缺陷当量直径 ϕ 为

$$\phi_f = \phi \cdot \frac{Xf}{X} \cdot 10^{\frac{\Delta dB}{40}} \tag{6-43}$$

3. 实验设备及材料

(1)数字超声探伤仪、探头、试块、耦合剂(机油)、钢板等;

(2)被检测工件;

(3)抛光机、金相显微镜、砂纸、腐蚀液、酒精等。

4. 实验步骤

(1)超声波探伤

打开探伤仪电源开关,进入主菜单——检测。

接入探头,在一级菜单中按"→"到基本→收发→工件探头,进行参数设置:①频率;②测量范围;③探头参数设置;

零点校准:

为了减少误差,提高实验的准确性,手动调整零点;

仪器调试:用计算声压反射率来确定灵敏度调整量;

标准试块探伤;

工件探伤,确定缺陷位置和缺陷当量直径 ϕ。

(2)金相部分实验步骤请参考相关实验。

5. 实验报告要求

(1)简述实验过程;

(2)记录相关缺陷位置,计算缺陷当量。

6.7 平辊轧制过程中的板形控制及板形缺陷分析实验

1. 板形综合性实验介绍

板形综合性实验的主要目的是研究板形问题产生的原因、板形表示方法以及轧制良好板形的必要条件。综合实验主要包括四个实验,分别是①设备与板形实验;②摩擦与板形实验;③坯料几何形状与板形实验;④板形表征实验。

2. 实验目的

理解板形、板形控制的基本概念;了解常见板形缺陷的种类,特征、产生部位,分析不同条件下轧后板形缺陷产生的原因;掌握板形缺陷的不同表示方法;理解并掌握改善板形缺陷方法手段及可行性。提高团队设计、研究、动手及团队协作能力。

3. 实验原理

(1)板形概念

直观来说板形是指板带材的翘曲度,其实质是板带材内部残余应力的分布。只要板带材内部存在残余应力,即为板形不良。如残余应力不足以引起板带翘曲,称为"潜在"的板形不良;如残余应力引起板带失稳,产生翘曲,则称为"表观"的板形不良。

(2)常见的板形缺陷及分析

常见的板形缺陷有边浪、中浪、双边浪、二肋浪和复合浪等浪形及瓢曲、上凸、下凹等,使其失去平直性,主要是由轧制过程中带材各部分延伸不均,产生了内部的应力所引起的。

(3)板形缺陷表示方法

最简单的离线板形测量方法是将轧件放在工作台上进行检测,如图 6-2 所示。

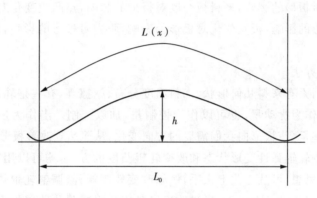

图 6-2　最简单的离线板形测量方法

在没有张力作用的情况下,板形会出现波浪或弯曲。板形可以由平直度、急峻度表征,由常用公式和松弛系数等表示:

平直度计算公式见式(6-44),单位为 I。平直度:

$$\frac{\pi}{4} \times \left(\frac{h}{L_0}\right)^2 \times 10^5 \tag{6-44}$$

急峻度计算公式见式(6-45),单位为%。急峻度:

$$\frac{h}{L_0} \times 100\% \tag{6-45}$$

松弛系数计算公式:

$$\varepsilon(x) = \frac{L(x) - L_0}{L_0} \tag{6-46}$$

波浪长度测量:采用卷尺或钢尺作为工具;测量浪高:用直尺测量钢板上表面最大变形的部位与检测平台之间的距离 H,然后再减去钢板的实际厚度 t,计算公式:$h = H - t$。

上述方法对测定板形的波浪总体趋势有效,测量值并不是非常精确。主要是因为轧件内应力没有被检测出,在钢带中分布。

(4)影响板形的主要因素

金属在轧辊作用下经过一系列变形过程被轧成需要的板带材。最终产品的板形受到许多因素的影响,概括起来,这些因素可以分为内因(金属本性)和外因(轧制条件)两个方面。

金属本身的物理性能(例如硬化特性、变形抗力)直接影响轧制力的大小,因而与板形密切相关。金属的几何特性,特别是板材的宽厚比、原料板凸度是影响板形的另一个重要因素。

轧制条件的影响更为复杂,它包括更为广泛的内容。凡是能影响轧制压力及轧辊凸度的因素(例如摩擦条件、轧辊直径、张力、轧制速度、弯辊力、磨损等)和能改变轧辊间接触压力分布的因素(例如轧辊外形、初始轧辊凸度)都可以影响板形。

我们实验时主要考虑下列因素的影响:

轧制力变化对板形的影响,来料板凸度对板形的影响,热凸应变化对板形的影响,初始轧辊凸度对板形的影响,板宽变化对板形的影响,张力对板形的影响,轧辊接触状态对板形的影响。

(5)板形改善方法

影响板形的因素有来料几何形状、来料温度分布、摩擦等,有些是轧制必须具备的条件,有些因素既可作为扰动量,也可以作为控制量,加以控制。当作为控制量时,可有意识地通过改变这些量,使板形向我们需要的方向变化,从而达到改善板形的目的。

凡是能够改变轧辊弹性变形状态和改变轧辊凸度的方法,均可以用来作为改善板形的手段,基于这种思想,可从工艺上入手,例如改变轧制规程、调整轧辊热凸度分布、改变张力分布等,但更多从设备上入手,通过改进设备来获得或强化改善板形的手段,改进后的设备有液压弯辊、双轴承座工作辊弯辊、HC 轧机、CVC 轧机等。

板形控制是一项综合性技术,生产中必须通过先进的控制手段与工艺参数的合理匹配获得理想的板形。

4. 实验设备与材料

(1)两辊轧机;

(2)铅试样若干;

(3)润滑油。

5. 综合实验内容及实验报告要求

(1)设备与板形实验

研究设备造成板形问题的原因,并思考可以采用何种方式加以改善。

● 采用废铅调试辊缝,使出口厚度达到实验要求。

● 改变轧机两侧压下,使轧辊机辊缝一侧大,另一侧小。轧制试样,观察记录轧出试样与辊缝的关系,并分析原因。

● 实验要求:测试轧件出入口厚度;画出轧后板形;分析设备与板形问题的关系并提出改进措施。

(2)摩擦与板形实验

研究摩擦条件不一致对板形问题的影响,并思考应如何加以解决。

● 将轧辊调平,并从轧机出口侧对轧辊进行擦拭;

● 先将试样两边涂粉,中间涂油进行轧制,再将试样中间涂粉两边涂油。观察记录轧件轧后形状,并分析原因。

● 实验要求:测试轧件出入口厚度;画出轧后板形;分析摩擦条件与板形问题的关系并提出改进措施。

(3)坯料几何形状与板形实验

研究来料几何形状,主要是厚度对板形问题的影响,并思考应如何加以解决。

● 将轧辊调平,并从轧机出口侧对轧辊进行擦试;

● 将试样单边折叠,使试样轧制宽度两侧厚度不一致,进行轧制;

● 将试样两边折叠,使试样轧制宽度两侧厚中间薄,进行轧制;

● 将试样中间折叠,使试样轧制宽度两侧薄中间厚,进行轧制。

● 实验要求:

测试轧件出入口厚度,观察轧后试样的波纹或是否存在拉裂现象,画出轧后板形,分析坯料几何条件与板形问题的关系,思考良好坯料几何条件对板形的重要性。

(4)板形表征实验

将上述实验轧后的试样放置到实验台上进行测试,按板形缺陷表示方法进行计算,给出各实验的急峻度表征、常用公式和松弛系数等。

6. 综合实验论文

(1)简述实验过程;

(2)总结上述实验结果;

(3)分析轧制板形问题产生的原因,结合课堂教学内容论述如何轧制具有良好板形的产品。

第 7 章　冲压与锻造工艺和材料检测实验

7.1　概　述

　　冲压与锻造工艺和材料检测实验是为配合课程塑性加工学 3(锻造与冲压)和板成型性能与质量控制而进行的相关实验,包括板料冲裁实验、板料弯曲实验、圆筒件拉深实验、板料基本性能检测实验、环形件模锻实验、板料胀形性能检测实验、板料成形极限图实验等七组实验。

　　塑性加工学 3(锻造与冲压)是研究金属材料在锻造、冲压等塑性成形过程中的变形特点、金属流动规律及其模具设计的一门课程,是材料成型及控制工程专业本科生的专业课。本课程以先修课程"机械制图""材料力学""塑性加工力学"以及"塑性加工金属学"所获得的研究方法和基本原理为基础,分析研究金属材料塑性变形的内在规律、应力应变状态、缺陷形成机制,进而进行工艺方案及模具设计。

　　板成型性能与质量控制主要从理论和实践两方面讲解带钢热轧、冷轧生产过程中工艺过程,工艺参数与材料成型性能之间的关系,成型性能的评价,实验方法,通过冷轧和热轧优化带钢成型性能的可能途径。

　　通过以上课程的学习,学生可了解金属塑性变形内在规律、应力应变状态、缺陷形成机制;掌握金属在塑性加工中的变形特点;掌握金属塑性板料基本性能检测方法;掌握锻造工艺及冲压工艺的设计原则;掌握锻造模具及冲压模具的结构设计方法,了解成型性能与工艺过程和工艺参数之间的关系,知道如何应用控轧控冷技术优化带钢成型性能。为后续模具类专业课程的学习打下坚实的基础,使学生毕业后具备一定的采用科学方法对复杂工程问题进行研究的能力。本章实验需达到课程如下教学目标:

　　(1)了解金属塑性变形内在规律、应力应变状态、缺陷形成机制,掌握金属在塑性加工中的变形特点;

　　(2)掌握锻造工艺及冲压工艺的设计原则,能够根据产品的性能要求确定设计方案,并能确定其关键工艺参数;

　　(3)掌握锻造模具及冲压模具的结构设计方法,能够针对产品进行模具设计、设备选择;

　　(4)掌握金属塑性板料基本性能的检测方法,能够正确使用单向拉伸等实验装置,具备数据分析和处理的能力,正确开展实验并进行数据采集及结果分析,获得有效结论。

（5）能够对薄板的冲压性能进行评价，分析薄板冲压失效的主要原因，提出合理的改进措施。

板料冲裁实验对应课程塑性加工学 3（锻造与冲压）普通冲裁这一节的学习；板料弯曲实验对应课程塑性加工学 3（锻造与冲压）弯曲这一节的学习；圆筒件拉深实验对应课程塑性加工学 3（锻造与冲压）拉深这一节的学习；板料基本性能检测实验对应课程塑性加工学 3（锻造与冲压）板料的冲压成形性能及试验方法这一节的学习；环形件模锻实验对应课程塑性加工学 3（锻造与冲压）闭式模锻成形过程分析这一节的学习；板料胀型性能检测实验对应课程板成型性能与质量控制模拟成形性能实验这一节的学习；板料成型极限图实验对应课程板成型性能与质量控制成形极限图及其应用这一节的学习。

塑性加工学 3（锻造与冲压）和板成型性能与质量控制是实际应用性很强的课程，配套了很多相关的检测和验证性实验，对学生理解课程内容和提高实践动手能力非常有帮助。

7.2　板料冲裁实验

1. 实验目的

（1）进一步理解冲裁变形的三个过程，对毛刺的形成有感性认识；

（2）定性了解板材性能对冲裁质量的影响。

2. 实验原理和内容

冲裁的变形过程如图 7-1 所示。在具有尖锐刃口及间隙合理的凸、凹模作用下，材料的变形过程可分为受压缩塑性变形、剪切及断裂分离三个阶段。

（1）受压缩塑性变形过程

冲裁开始时，凸模接触材料，将材料压入凹模洞口，在凸、凹模的压力作用下，材料表面受到压缩产生塑性变形。由于凸、凹模之间存在间隙，材料同时受到弯曲和拉伸作用，凸模下的材料产生弯曲，凹模上的材料向上翘曲。

（2）剪切过程

材料在凸、凹模刃口附近，由于受到压力而产生剪切应力，因而产生剪切变形。在凸模的继续作用下，压力增加，材料内部应力达到屈服条件，剪切变形区开始宏观地滑移变形，此时凸模开始挤入材料，并将下部材料挤入凹模中。此时位于刃尖部分的材料应力集中效应最

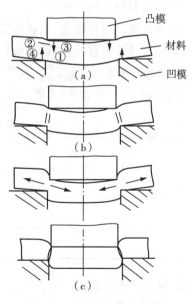

图 7-1　冲裁的变形过程

大,处于高的压应力状态,而刃口附近材料的圆角进一步加大,内部产生的拉应力和弯矩继续增加。随着凸模压挤入材料的深度增大,变形区晶粒破碎和细化,使材料产生冷作硬化,所需的冲裁力不断增加。当材料不能承受更大变形时,在刃口附近的材料,由于拉应力作用首先产生裂纹。由于刃尖部分的静水压应力较高,裂纹起点就不在刃尖,而是在模具侧面距刃尖很近的地方。因此在裂纹产生的同时也形成了毛刺。

（3）断裂分离过程

当凸模再继续压入,刃口附近产生的上下裂纹逐渐发展。如间隙合理,则两裂纹相遇而重合,这时将导致材料完全破裂而分离。

对于塑性较好的材料,冲裁时裂纹出现得较迟,因而材料被剪切的深度较大;所得断面光亮面所占的比例大,圆角大,弯曲大,断裂面较窄。而塑性较差的材料,裂纹出现得较早,因而材料被剪切的深度较小;所得断面光亮面所占的比例小,圆角小,弯曲小,断裂面较宽。

3. 实验设备与材料

（1）液压冲压机一台;

（2）冲裁模具一套;

（3）铅、铝、钢板各三块。

4. 实验方法与步骤

（1）将上、下模具分别安装在液压冲压机上,调整好限位开关位置;

（2）在冲裁模具安装好检查无误后,合上电源开关,接通电源,启动油泵;

（3）将选择扭分别调到冲裁和调制位置;

（4）同时按下冲床操作盘两边的工作键;

（5）将板料放入模具中;

（6）按下滑块下行按钮,完成冲裁工作;

（7）按下滑块回程按钮,取出板料,在放大镜下观察分析断面和毛刺情况。

5. 实验数据表格

实验数据记录见表 7－1 所列。

表 7－1　实验数据记录

材料	厚度	光亮面厚度		断裂面厚度	

6. 实验报告要求

（1）简述实验过程;

（2）画出冲裁后各种板料断面的状况;

（3）分析三种材料冲裁后断面的状况,光亮面、断裂面和圆角各自所占比例;

(4)分析产生以上现象及毛刺形成的原因；

(5)分析在冲裁各种材料时应注意的问题。

7.3　板料弯曲实验

1. 实验目的

(1)深入理解板材的弯曲回弹，对回弹的形成有感性认识；

(2)了解板材性能对回弹的影响。

2. 实验原理和内容

塑性弯曲时和所有塑性变形一样，伴有弹性变形，当变形结束时，工件不受外力作用，由于中性层附近纯弹性变形以及内、外总变形中弹性变形部分的恢复，弯曲件的弯曲中心角和弯曲半径变得与模具的尺寸不一致，这种现象称为弯曲件的回弹。

由于弯曲时内、外区纵向应力方向不一致，弹性恢复时方向也相反，即外区缩短而内区伸长，这种反向的弹性恢复大大加剧了工件形状和尺寸的改变。因而使弯曲件的几何公差等级受到损害，常成为弯曲件生产中不易解决的一个特殊性问题。

回弹是在塑性弯曲和卸载过程中产生的。弯曲件在受外加弯矩的作用下，产生线性纯塑性弯曲，其应力如图 7-2 所示，当外弯矩去除发生回弹时，根据平衡原则假设内部的抵抗弯矩的大小和塑性弯矩相等，方向相反。故在内、外区纵向的卸载应力和加载时板料内应力的方向相反。此时工件所受合成力矩为零，相当于工件经过弯曲变形后，从模具中取出后处于自由状态。外加力矩与弹性弯矩所引起的合成应力，便是卸载后工件在自由状态下断面内的残余应力，如图 7-3 所示。同理可以得出有硬化时线性纯塑性弯曲卸载后工件在自由状态下断面内的残余应力。

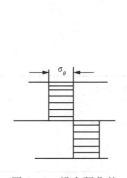

图 7-2　没有硬化的
弹-塑性弯曲

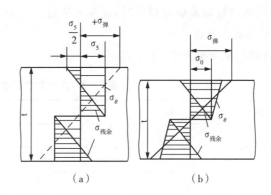

图 7-3　塑性弯曲卸载过程的应力合成

板料的弹性模数越小，屈服极限和抗拉强度等与变形抗力有关的数值越大，则回弹也越大，由下式可以说明：

$$R=\cfrac{1}{\cfrac{1}{R_0}+3\times\cfrac{\sigma_s}{E\times t}} \qquad (7-1)$$

$$\Delta\varphi=(180-\varphi_0)\left(\frac{R_0}{R}-1\right) \qquad (7-2)$$

式中,t——弯曲材料厚度;

$\qquad E$——弯曲材料的弹性换量;

$\qquad \varphi_0$——零件的弯曲角度;

$\qquad \sigma_s$——弯曲材料的屈服强度;

$\qquad R$——凸模的圆角半径;

$\qquad R_0$——零件圆角半径;

$\qquad \Delta\varphi_0$——零件的弯曲回弹角度。

3. 实验设备与材料

(1)液压冲压机一台;

(2)弯曲模具一套;

(3)铅、铝、钢板各三块。

4. 实验方法与步骤

(1)将弯曲上下模分别安装在液压冲压机上,调整好限位开关位置;

(2)在弯曲模安装好检查无误后,合上电源开关,接通电源,启动油泵;

(3)将选择钮分别调到压制和调制位置;

(4)同时按下冲床操作盘两边的工作键;

(5)将板料放入弯曲模中;

(6)按下滑块下行按钮,完成弯曲工作;

(7)按下滑块回程按钮,取出板料;

(8)观察分析弯曲后材料情况,计算回弹量。

5. 实验数据表格

实验数据记录见表 7-2 所列。

表 7-2 实验数据记录

材料	厚度	回弹值		

6. 实验报告要求

(1)简述实验过程;

(2)计算出弯曲后各种板料的回弹量,写出测量和计算方法;

(3)分析材料的性能对弯曲和回弹的影响。

7.4   板料基本性能检测实验

1. 实验目的

(1)实际测定试样的屈服点 σ_s、抗拉强度 σ_b、屈服比 σ_s/σ_b、均匀伸长率 δ_u、硬化指数 n 以及各向异性系数 r;

(2)深入理解材料在拉伸试验中的各种现象,并绘出拉伸曲线和名义应力拉伸曲线。

2. 实验原理

材料的拉伸曲线如图 7-4 所示。

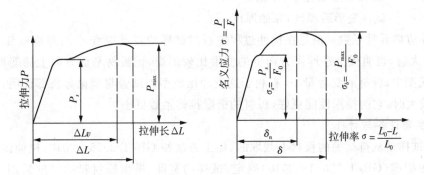

图 7-4   材料的拉伸曲线

利用板材的单向拉伸试验可以得到许多与板材冲压性能密切相关的试验值:

屈服强度

$$\sigma_s = \frac{P_s}{F_0} \tag{7-3}$$

式中,σ_s—— 屈服强度;

P_s—— 屈服力;

F_0—— 试样原始横裁面积。

抗拉强度

$$\sigma_b = \frac{P_{max}}{F_0} \tag{7-4}$$

式中,σ_b—— 抗拉强度;

P_{max}—— 试样承受最大力。

屈强比

$$\frac{\sigma_s}{\sigma_b} \tag{7-5}$$

均匀伸长率

$$\delta_u = \frac{\Delta L_u}{L_0} \qquad (7-6)$$

式中，ΔL_u—— 试样均匀延伸长度；

L_0—— 试样原始标距长度。

两点法：计算出拉伸过程中某两点的真实应力 σ 与应变 ε，则可利用公式 $\sigma = K\varepsilon^n$，计算出硬化指数 n 与变形抗力 K 的数值。

板厚方向异性系数

$$r = \frac{\varepsilon_b}{\varepsilon_t} = \frac{\ln \dfrac{b}{b_0}}{\ln \dfrac{t}{t_0}} \qquad (7-7)$$

式中，b, b_0—— 试样变形后宽度，原始宽度；

t, t_0—— 试样变形后厚度，原始厚度。

板厚方向异性系数 r 值是在拉伸过程中板材试样的宽度应变 ε_b 与厚度应变 ε_t 的比值。r 值大时，表明板材在厚度方向上的变形比较困难，比板材平面方向上的变形小，在伸长类成型中，板材的变薄量小，有利于这类冲压成型。试验与理论分析都证明，当板材的 r 值较大时，它的拉深性能更好，板材的极限拉伸系数更小。

3. 实验设备与材料

（1）试样是从待试验的板材上截取的，加工方法按 GB/T 2975—2018，拉伸试验的试样长度按标准（GB/T 228.1—2010）确定，试样的宽度，根据原材料的厚度采用 10mm、15mm、20mm 和 30mm 四种，宽度尺寸偏差不宜大于 0.02mm，如图 7-5 所示；

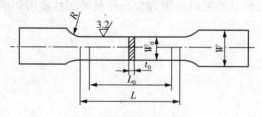

图 7-5 拉伸试样图

（2）拉力试验机；

（3）游标卡尺。

4. 实验方法与步骤

（1）原始尺寸测量：测量板宽 W_0，确定标距；

（2）根据试样的负荷和变形水平，相应地设定试验机的量程范围；

（3）快速（一般小于 50mm/min）调节上下夹头的距离，安装试样并保持上下对中；

（4）设定加载速度（一般小于 2mm/min），开机加载，观察试验现象；

（5）在拉伸过程中停机三次测量板宽、标距和记录拉伸力；

（6）继续拉伸，试样断裂后，停机，卸下试样观察断口形貌；

（7）计算机编程计算 r 和 n 值。

5. 实验数据表格

实验数据记录见表 7 - 3 所列。

表 7 - 3　实验数据记录

状态	厚度	长度	宽度	拉力

6. 实验报告要求

(1)简述实验过程;

(2)说明试验过程,包括拉伸速度情况、停机次数和时机、试样形状、尺寸、试样断口形状、试样是否均匀变形;

(3)画出拉伸曲线;

(4)计算常规力学性能指标;

(5)编程计算 r 和 n 值,附程序;

(6)全面评价所测板材的成型性能。

7.5　环形件模锻实验

1. 实验目的

(1)了解开式模锻的生产工艺过程;

(2)根据模锻件形状、飞边尺寸、加热方法等计算锻造坯料尺寸。

2. 实验原理

利用模具使坯料变形而获得锻件的锻造方法成为模锻。按照模锻中最后成型工序的成形方法,可以把模锻分为开式模锻、闭式模锻、挤压和顶墩四类。

基本工序:

(1)备料工序:包括原材料检验、切割毛坯、清除毛坯上的毛刺和表面缺陷,毛坯检验等工序;

(2)模锻前毛坯加热。

确定加热规范应该以模锻件材料、形状、尺寸和加工余量为主要依据,还应考虑一次加热所完成的工步类型、数量和变形量。在满足成形要求的前提下,毛坯的加热次数应力求最少。

锻造加热温度一般是材料允许的最高加热温度。毛坯各工序或工步的具体加热温度,应根据操作的复杂程度加以调整,原则是保证终锻在规定的温度区间进行。终锻温度过高,会出现组织粗大、二次氧化严重及收缩量大等缺陷;终锻温度过低,也会导致金属变形抗力增大、塑性降低、成型困难、产生裂纹等。

(3)模锻成形过程

● 镦粗阶段:目的是使坯料得到合适的高径比,有利于下一步成形,兼有除去氧化铁皮的作用;

● 充满模腔阶段:这时金属开始充满上下模腔,金属开始流入飞边槽;

● 打靠阶段:此时金属已完全充满模腔,但上、下模面尚未打靠(模锻结束时要打靠)。此时,多余金属被挤入飞边槽,锻造变形力急剧上升。此时变形区已经缩小为模锻件中心部分的区域。

环形件模锻实验示意图如图7-6所示。

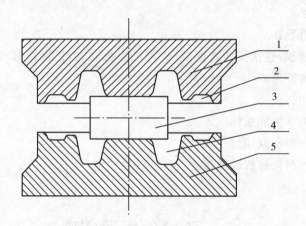

1—上模;2—横向飞边槽;3—圆柱体坯料;4—模腔;5—下模。

图7-6　环形件模锻实验示意图

(4)模锻的后续工序:切边与冲孔连皮。

(5)模锻件的热处理工序。

确定模锻件的热处理工序,除应遵循模锻件热处理的规定外,还应注意以下几点:

● 应按规定的技术要求选择一种模锻件热处理工艺过程。选择的热处理工艺过程,应达到消除应力、调整硬度和改善组织等多项目的。

● 热处理前,应清除模锻件上的油污和裂纹。

(6)校正与精压

在锻压生产过程中,由于冷却不均、局部受力、碰撞等各种原因,模锻、切边、冲孔、热处理等生产工序及工序之间的运送过程都有可能使锻件产生弯曲、扭转等变形。当锻件的变形量超出锻件图技术条件的允许范围时,必须使用校正工序加以校正,校正分热校正和冷校正。

3. 实验设备及材料

(1)实验设备:压力机;

(2)试件材料:铅试样 $\phi 40mm \times 30mm$, $\phi 25mm \times 50mm$;

（3）工具：游标卡尺,钢尺,内六角扳手等。

4. 实验步骤

（1）准备试样,测量试样尺寸;

（2）检查并试运行设备,确认正常后,停车;

（3）安装模具并对中;

（4）开启设备,将试样镦粗到一定尺寸,分开上、下模具,停车;

（5）将镦粗的试样放入模具中间,开始模锻成形;

（6）继续打靠阶段,使上模和下模的距离接近为零,多余金属挤入飞边槽;

（7）分开上、下模,取出试样,停车。

5. 实验报告要求

（1）简述实验过程;

（2）根据图 7－7 环形锻件(钢材)尺寸计算坯料尺寸。

（3）讨论坯料尺寸确定的意义,存在问题。

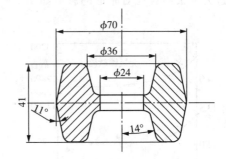

图 7－7　环形锻件(钢材)尺寸

7.6　板料胀形性能检测实验

1. 实验目的

（1）学习确定板料胀形性能的试验方法,操作试验机,熟悉原理图;

（2）了解胀形性能试验机的构造及操作。

2. 实验原理

板材的胀形性能试验又称为杯突试验或压穴试验,一般包括 Erichsen 胀形试验和瑞典式纯胀形试验,它是测定板材冲压性能的一种工艺性试验,胀形实验装置如图 7－8 所示。

杯突机上用一定规格的钢球或球状冲头向夹紧在规定的环形凹模内的试样施加压力,直至试样产生微细裂纹为止,此时冲头的压入深度称为材料的杯突深度值。该值反映材料对胀形的适应性,可作为衡量板料胀形、曲面零件拉深的冲压性能指标。

先将平板坯料试样放在凹模平面上,用压边圈压住试样外圈,然后,用球形冲头将试样压入凹模。由于坯料外径比凹模孔径大很多,所

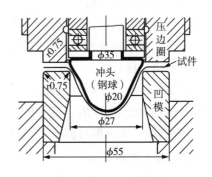

图 7－8　胀形实验装置

以,其外环不发生切向压缩变形,而与冲头接触的试样中间部分坯料受到双向拉应力作用而实现胀形成型。

在胀形成形中,把试样出现裂纹时冲头的压入的深度称为胀形深度或 Erichsen 试验深度,简计为 Er 值。Er 值越大,胀形性能及拉深类成型性能越好。

Er 值的影响因素很多,如板料的厚度、压边力大小、润滑条件及模具的粗糙度等。此外,由于试验设备不同、操作方法不同以及对裂缝判断之差异等都会影响试验的结果,压边力和板料直径对胀形的影响如图 7-9 所示。

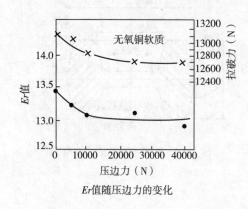

Er值随压边力的变化

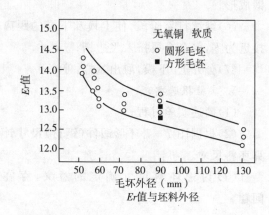

Er值与坯料外径

图 7-9　压边力和板料直径对胀形的影响

3. 实验设备与材料

(1)DC03 或 DC04 板材;

(2)胀形性能试验模具、游标卡尺、千分尺等常用工具;

(3)板材成型性能试验机。

4. 实验方法与步骤

(1)开启板材成型性能试验机,将手柄转到自动的位置上;

(2)装好模具,将冲头座拧紧到活塞上,安装上凹模;

(3)在试样与冲头接触的一面和冲头球面上涂润滑油;

(4)安放好试样;

(5)设定各试验参数;

(6)启动上升油缸,开始胀形试验;

(7)待试样开裂自动停机,记录杯突深度和压力值;

(8)取出试样;

(9)重复步骤(3)～(6),每种材料应做两次以上试验,将所得胀形深度的算术平均值作为该材料的胀形深度值;

(10)试验完毕将模具拆下,并整理好各种工具。

5. 实验数据和表格

(1)测量胀形性能试验模具尺寸,试样宽度、厚度等见表 7-4 所列。

表 7 - 4　实验数据记录表

试样材料	试样宽度	厚度	冲头半径	凹模孔径

（2）胀形性能试验数据，见表 7 - 5 所列。

表 7 - 5　胀形性能试验数据

序号	材料	试样宽度(mm)	厚度	压力	胀形深度				备注

6．实验报告的要求

（1）简述实验过程；

（2）说明试验过程，包括速度等试验参数、试样形状、尺寸、试样断口位置、试样是否均匀变形；

（3）画出胀形过程压力变化曲线。

7.7　板料成形极限图实验

1．实验目的

（1）测定试样成型极限图，深刻理解成型极限图的意义及作用；

（2）掌握成形极限图的制作方法和制作过程，了解成型极限图在制作过程中存在的问题；

（3）学习和掌握板料试验机的构造和工作原理，及其使用方法。

2．实验原理

成形极限图（Forming Limit Diagram，FLD）表示板材在不同的应力状态下的变形极限。自从 20 世纪 60 年代 keeler 和 Gondwin 分别用实验方法建立了评价薄板成形性能的成形极限图（FLD）以来，成形极限图一直被广泛应用于薄板成形性分析，成为薄板成形工艺分析和工艺设计的有效工具，是板料冲压成形性能发展过程中的较新成果。

成形极限图的概念：现阶段的板料成形极限的研究主要集中在板料成形极限图（FLD）方面。FLD 用主应变坐标系里的一条曲线表示，将板面内两个主应变（对应从单向拉伸到等双向拉伸的所有应力状态组合)的状态空间分成安全和破坏两个区域。板料成形极限图的基本原理是在板料试件表面预先印制出一定形式的密集网格,对试件进行一定应变路径变形至失稳或破裂,此时原来的圆形网格将变成椭圆(图 7-10),利用机器或人工方法测出椭圆的长轴 d_1 和短轴 d_2,根据网格原始直径 d_0 即可以计算出网格圆的真实应变 ε_1 和 ε_2,以 ε_1 为横坐标、ε_2 为纵坐标即可绘制出该应变路径下的成形极限点。把不同应变路径下的极限点连起来即为 FLD。

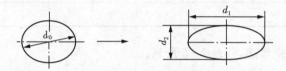

图 7-10　应变测量示意图

　　用坐标网技术,可测量出板料成形破坏时的应变数据,得到零件上某点的主应变值 ε_1 和 ε_2。Keeler 对双向胀形($\varepsilon_1>0,\varepsilon_2>0$),得到一条极限曲线,划分了破坏与成功两个区域。该临界带上或其附近的点的坐标可由半球形凸模进行压延实验得到。用压制汽车车身用的铝镇静钢,以及铝合金、铜、黄铜等,在实验室条件下进行实验,由此得到的极限曲线作为判据,可与实际加工中得到的数据进行比较,指导解决生产工艺与材料选择等问题。可以这么说,FLD 是一种可以在定量的概念上,对板料成形做出判断的依据。此后,Goodwin 根据各种试验,如简单拉伸、宽试件拉伸和各种杯形件压延,得到了拉-压变形区($\varepsilon_1>0,\varepsilon_2<0$)的极限曲线。在该区域,侧向压缩的存在可以大大提高拉应变,如在轧制和挤压中的情况。将 Keeler 和 Goodwin 的两种曲线结合起来,即得到了两向应变 $\varepsilon_1,\varepsilon_2$ 在拉-拉即胀形区和拉-压即压延区的完整板料成形极限曲线。板料成形极限图的一般形式如图 7-11 所示。

　　在工厂实际测定和计算中,Keeler-Goodwin 极限曲线所用坐标,即最大和最小应变的定义为 $e_1=(L_1-L_0)/t_0,e_2=(L_2-L_0)/t_0$,这里 L_0 是原始尺寸,即圆形网格的直径,L_1 和 L_2 分别为变形后椭圆的长轴和短轴尺寸,t_0 是板料原始厚度,t 是变形后的厚度。在所有理论及试验研究中,都采用实际应变:

　　$\varepsilon_1=\ln(L_1/L_0),\varepsilon_2=\ln(L_2/L_0),\varepsilon_2=\ln(t/t_0)$,实际应变可以累加,并且 $\varepsilon_1+\varepsilon_2+\varepsilon_3=0$ 这就是体积不变条件。

　　为了说明 FLD 的意义,图 7-11 示意出了常用应变范围内 FLD。

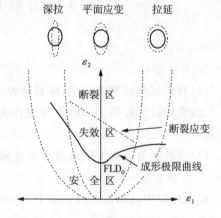

图 7-11　板料成形极限图的一般形式

　　图 7-11 给出了曲线的形状和对应的应力状态,同时标出了主要区域的变形模式、安全区及其失效区。从图中可以看出,零件的深冲成形与 FLD 的左半部分相对应,该区内拉压极限应变水平较高。

相关的材料参数是 r 和 Δr，失效形式是起皱和堆积。零件的拉延成形与 FLD 的右半边相对应，失效形式是破裂，由于该区处于双向拉伸应变状态，因此要求材料具有高的 n 值和伸长率 δ。

3. 实验设备与材料

(1)板料成形性能试验机；

(2)FLD 试验用模具，典型 FLD 模具图具体如图 7-12 所示；

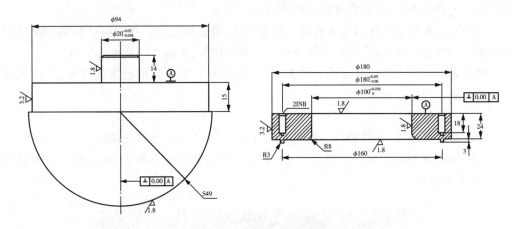

图 7-12　典型 FLD 模具图

(3)线切割机；

(4)网格印制设备；

(5)读数显微镜；

(6)实验材料冷轧或铝合金薄板，印网格药水，酒精或者丙酮溶液。

4. 实验方法与步骤

(1)裁剪试样：首先按照图 7-13 的尺寸裁剪好试样，每种试样准备三块，剪好后边缘应该用小锉刀去毛刺，使边缘光滑，以防止印制网格时破坏网板，冲压时产生从边部破裂的现象。

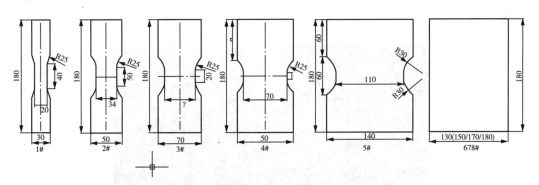

注：图中试样尺寸仅供参考，应根据实际情况调整。

图 7-13　裁剪试样形状尺寸

对于塑性比较好的低碳钢板或铝板,可以选用 1#、3#、5#、6#、7#、8#六种试件,就可得出比较分散的成形极限点,如果确实得不到分散均匀的数据点,再适当增加 2# 和 4#,或者宽度为 140 和 160 的试样。

(2)清洗:用酒精或者丙酮溶液将试件表面擦净,注意两面都要擦净,去除油污。

(3)印网格:在试件表面印制 2mm 的圆网格,或者 1mm 的方网格。印制时一定要保证线条清晰均匀,如不清楚应该擦掉重新印刷,并且两面都要印制。网格上直线应该和试件边缘平行或垂直,印完后放好,晾干后备用。

(4)冲压:先在印制好的板子表面上贴上标签,分别标记好。在双拉试验机上胀形到刚出现缩颈痕迹时停止,注意记录每块板子的润滑情况、压边力以及冲头压力。

冲压完毕时不要擦掉表面的润滑剂,特别注意不要用手随便触摸试件表面,以免抹掉表面网格。

(5)选择测量点

找到缩颈痕迹如下的网格区域,选择位于缩颈线中心附近的点,如 7 - 14 图的点 2,5,7,8 等,如果不能确定哪个缩颈最大,可全部测出缩颈线附近的点,然后取长轴的最大值,这是最理想的。

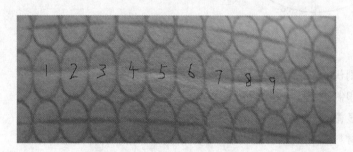

图 7 - 14　变形的网格例 1

在窄一点的试件中,如果三块试件都得不到这种形状,而得到如图 7 - 15 所示的形状,则只能选择破裂线边上,变形与破裂区域的圆最相近的两个圆进行测量,如图 7 - 15 只能选择 2 和 3,而其中 5,6,7 变形已经不同了,其变形不能代表极限应变,所以无须测量。

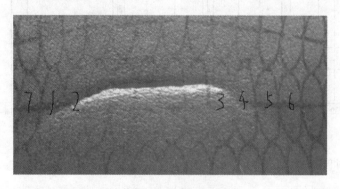

图 7 - 15　变形的网格例 2

（6）测量

● 在读数显微镜上测量网格。测量前首先检查镜头内的十字线是否与两个测量转动手柄共线，如果不共线则调节至共线；检查镜头是否垂直向下，如果不垂直要进行调节。

● 将试件放在工作台上，调节位置，使试件上要测量的网格法向与镜头对齐。

● 测量时注意使镜头内的十字线的一边与长轴对齐，另外一边与短轴对齐。分别测出长短轴的长度。

● 将测得的数据、试件号、点号等记录清楚。

5. 实验数据和表格

FLD 实验数据见表 7-6 所列。

表 7-6　FLD 实验数据

试样号	d_0	d_1	d_2	e_1	e_2

$$e_1 = \frac{d_1 - d_0}{d_0} \qquad e_2 = \frac{d_2 - d_0}{d_0} \qquad (7-8)$$

式中，e_1——长轴工程应变；

　　　e_2——短轴工程应变；

　　　d_0——基圆直径；

　　　d_1——椭圆长轴长度；

　　　d_2——椭圆短轴长度。

由极限应变处的网格两向工程应变可以求得其真实应变：

$$\varepsilon_1 = \ln(1 + e_1), \varepsilon_2 = \ln(1 + e_2) \qquad (7-9)$$

式中，ε_1——长轴真应变；

　　　ε_2——短轴真应变。

试验共测量 3 组试件，每组 8 个，即对相同形状和尺寸的试件在同等试验条件下重复进行 3 次试验。

在每个试样上选取 2~3 个与缩颈位置相邻的合适网格进行测量，去除偏差较大的极限应变点，以减小由于缩颈时刻的选择、被测量椭圆的选取引起的主观性试验误差。

试验数据处理后，以 ε_2 为横坐标、ε_1 为纵坐标在应变空间里绘制成形极限应变点的分布图。

选择绘图工具进行绘图,并用最小二乘法拟合出曲线。

6. 实验报告要求

(1)说明试验过程,包括:试样准备,网格印刷,成形试验,网格测量和成形极限图绘制等;

(2)选择绘图工具进行绘图,并用最小二乘法拟合出曲线。

7.8　圆筒件拉深实验

1. 实验目的

(1)掌握拉深过程及无凸缘圆筒件工艺的计算方法;

(2)掌握无凸缘圆筒件的拉深系数和拉深次数的计算;

(3)认识圆筒件拉深过程中出现的问题及其防止措施。

2. 实验原理

(1)拉深过程及变形分析

如图 7 - 16 所示,在圆筒件的拉深过程中,平板毛坯在凸模压力的作用下,毛坯的环形区(法兰区)的材料在凸模压力的作用下,要受到拉应力和切向压应力(圆周方向)的作用,径向伸长、切向缩短,依次流入凸、凹模的间隙里成为筒壁,板厚稍有增大,在法兰外缘处厚度增加最大。在凹模圆角处,材料除受径向拉深外,同时产生塑性弯曲,使板厚减小。材料离开凹模圆角后,产生反向弯曲(校直)。圆筒侧壁受轴向拉伸,为传力区。在凸模圆角处,板料产生塑性弯曲和径向拉伸;圆筒底部受双向拉伸,但材料变形度很小。最后,平板毛坯完全变成圆筒形工件。

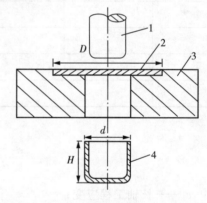

1—凸模;2—毛坯;3—凹模;4—工件。

图 7 - 16　无凸缘圆筒形状零件的拉深

拉深的变形区较大,金属流动性大,拉深过程中容易发生凸缘起皱、筒壁拉裂而导致拉深失败。因此,要提高拉深的质量,有必要分析拉深时的变形特点,找出发生起皱、拉裂的根本原因。起皱发生在圆筒形凸缘部分,是由切向压应力引起的。起皱的危害很大:第一,起皱变厚的板料不易被拉入凸、凹模的间隙里,使拉深件底部圆角部分受力过大而被拉裂,即使勉强拉入也会使工件留下皱痕,影响工件质量;第二,使材料与模具之间的摩擦与磨损加剧,缩短模具的使用年限。

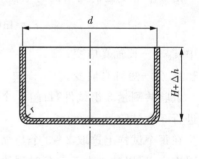

图 7 - 17　无凸缘圆筒形件的毛坯计算

拉深后工件在各个部分的厚度不同,在底部圆角与直壁相接部分工件最薄,最易发生拉裂。

(2)拉深件毛坯尺寸的计算

根据圆筒形件尺寸确定圆形坯料直径 D。

毛坯尺寸为

$$D = \sqrt{d^2 + 4d(H + \Delta h) - 1.72dr - 0.56r^2} \qquad (7-10)$$

式中,d—— 圆筒形件直径;

　　H—— 圆筒形件高度;

　　Δh—— 修边余量;

　　r—— 圆筒形件圆角。

(3)拉深次数与工件尺寸

由于拉深零件的高度与其直径的比值不同,有的零件可以用一次拉深工序制成;而有些高度大的零件,则需要进行多次拉深工序才能制成。在进行冲压工艺过程设计和确定必要的拉深工序的数目时,通常都利用拉深系数作为计算的依据。拉深系数 m 是拉深后圆筒壁厚的中径 d 与毛坯直径 D 的比值,即

$$m = \frac{d}{D} \qquad (7-11)$$

它表示筒形件的拉深变形程度,反映了毛坯外边缘在拉深时的切向压缩变形的大小。拉深系数 m 越小,拉深时毛坯的变形程度越大。对于给定的材料,当 m 值小于一定数值时,需要进行多次拉深才能获得符合规定要求的制件。对于第二次、第三次及以后各次拉深工序,拉深系数的计算公式为

$$m_n = \frac{d_n}{d_{n-1}} \qquad (7-12)$$

式中,m_n—— 第 n 次拉深工序的拉深系数;

　　d_n—— 第 n 次拉深工序后所得到的圆筒形零件的直径,mm;

　　d_{n-1}—— 第($n-1$)次拉深工序所用的圆筒形毛坯的直径,mm。

在制定拉深工艺过程时,为了减少工序数目,通常采用尽可能小的拉深系数,但其不能小于最小极限拉深系数,以防拉深件断裂或严重变薄。

(4)拉深次数的确定

当 $m_{总} > [m]$ 时,拉深件可一次拉成,否则需要多次拉深。

确定拉深次数以后,由《冲压工艺学》中对应表得各次拉深的极限拉深系数,适当放大,并加以调整,其原则为

① 保证 $m_1 \cdot m_2 \cdot \cdots \cdot m_n = m = \dfrac{d}{D}$;

② 使 $m_1 < m_2 < \cdots < m_n$。

最后按调整后的拉深系数计算各次工序件直径:

$$d_1 = m_1 D$$

$$d_2 = m_2 d_1$$

$$\cdots$$

$$d_n = m_n d_{n-1}$$

当 $d_{n-1} > D$ 而 $d_n < D$ 时,可以确定 n 为拉深次数。

3. 实验设备及工具和材料

(1)实验设备:圆坯料落料机,圆筒件一次拉深机,圆筒件二次拉深机;

(2)游标卡尺、直钢尺等;

(3)实验材料为厚为 0.8mm 的铝板。

4. 实验方法与步骤

(1)根据给出的圆筒件尺寸,确定所用坯料的直径,排样,计算拉深道次和各道次的拉深;

(2)在圆坯料落料机上放入铝板,完成冲裁制坯;

(3)将圆坯料放入一次拉深机中,完成第一次拉深变形;

(4)将圆筒件放入二次拉深机中,完成第二次拉深变形。

5. 实验报告要求

(1)简述实验过程;

(2)计算所使用铝条(1 米)最多能冲裁多少圆坯料;

(3)测量圆坯料的直径及各次拉深圆筒件的直径,计算各次拉深系数。

6. 思考题

(1)拉深成型对材料性能的要求? 如何防止产生拉裂和凸耳?

(2)简述单工序模冲裁模与拉深模的区别。

(3)三台设备有哪些需要改进的地方?

第8章　挤压、拉拔、模(砂)型加工制造实验

8.1　概　述

挤压、拉拔、模(砂)型加工制造实验是为配合课程"塑性加工学 2(挤压与拉拔)"和增材制造技术而进行的相关实验,包括挤压金属塑性流动实验,挤压机与拉拔机构造观察、操作演示,铝合金管拉拔实验和模(砂)型加工制造实验三组实验。

挤压和拉拔技术是金属材料工业中生产、制备及加工新材料的重要方法,具有高效、优质、低能耗、少或无切削的工艺特点,理论性与工艺性兼具。因此,在金属材料塑性加工领域得到迅速发展,特别是在有色金属管、棒、型、线材及零件生产方面获得了广泛应用。

金属挤压和拉拔深程包括基本原理和方法、金属变形流动规律、组织性能特点及力能计算,挤压和拉拔设备的类型及工模具的结构、设计原理,挤压和拉拔工艺的制定方法,挤压和拉拔制品的缺陷与预防等。

"课程塑性加工学 2(挤压与拉拔)"旨在使学生具有金属挤压、拉拔成型方面的基本理论知识和科学思维方法,以及挤压、拉拔成型模具设计的方法,进而具有获取和综合运用金属挤压、拉拔知识的能力,为独立分析和解决工程实践问题,开展工艺、挤压与拉拔成型模具的开发与设计、技术创新打下基础。

通过"课程塑性加工学 2(挤压与拉拔)"的学习,学生不仅可以掌握相关的工艺理论知识,而且能够较系统、全面地掌握与之具有紧密关系的模具设计、质量控制等方面的知识,学生毕业后,可独立从事生产工艺制订、模具设计、分析和解决实际生产中产品质量问题的工作。

(1)掌握金属挤压、拉拔成形过程所需的基本专业理论知识及相关工艺技术;

(2)能分析、比较金属挤压、拉拔成形工程领域复杂工程问题的不同解决方案;

(3)能够针对金属挤压、拉拔成形的特定需求进行产品、工艺及设备的设计、计算和评估;

(4)要求能够基于金属挤压、拉拔成型原理对复杂工程问题进行实验设计。

增材制造技术是介绍不同增材制造方法、原理、设备、工艺及其在国民生活领域中的应用的一门课程,课程以学生在先修课程中"3D 技术基础""程序设计基础(C 语言)""金属学与热处理"所获得的空间构型能力、程序设计能力以及材料认知能力,研究零部件在不同增材制造技术下的增材制造原理、设备工作原理,分析材料在不同增材制造技术下

的基本特性及其演化规律。

学生通过对增材制造技术课程的学习,能了解增材制造技术的基本概念、基本形式、制造流程及其在国民经济中的应用现状及前景;掌握熔融沉积成型、黏结剂喷射成型的原理、特点及其应用领域;掌握选择性激光快速成型在高分子材料、陶瓷材料、覆膜砂及金属材料领域的技术及其应用;能熟练运用材料特性选定合适的增材制造方法。

挤压金属塑性流动实验对应课程"塑性加工学 2(挤压与拉拔)"中"正向挤压时不同挤压阶段金属的变形流动特点及对制品质量的影响"这一节的学习;挤压机与拉拔机构造观察、操作演示和铝合金管拉拔实验对应课程"课程塑性加工学 2(挤压与拉拔)"中"挤压方法及设备的选择、拉拔生产工艺流程和拉拔制品质量"的学习;模(砂)型加工制造实验对应课程"增材制造技术覆膜砂选择性激光烧结快速成型"这一节的学习。

"塑性加工学 2(挤压与拉拔)"和"增材制造技术"是理论研究与实际应用结合很强的课程,挤压、拉拔和增材制造等技术都配套了一个相关的验证性实验,对于学生理解课程理论内容和提高动手实践能力非常有帮助。

8.2 挤压金属塑性流动实验

1. 实验目的

通过实验进一步认清金属在挤压时的塑性流动规律,研究模角、变形程度对金属流动的影响。

2. 实验原理

研究金属在挤压时的塑性流动规律是非常重要的,因为挤压制品的组织性能、表面质量、外形尺寸和形状的精确度以及工具设计原则等都与其有密切关系。影响金属流动的因素有:金属的强度、接触摩擦与润滑条件以及工具与锭坯的温度、工具结构与形状、变形程度与挤压速度等。

研究的实验方法有多种,如坐标网格法、观测塑性法、组合试件法、插针法、金相法、光塑性法、莫尔条纹法、原子示踪法以及硬度法等。其中最常用的是坐标网格法,我们在实验中将采用此种方法。

坐标网格法是研究金属压力加工中的变形分布、变形区内金属流动情况等应用最广泛的一种方法。其方法是于变形前在试件表面或内部剖分平面上做出方格或同心圆。待变形后观测其变化情况,来确定各处的变形大小,判断物体内的变形分布情况。

多数的情况下,金属的塑性变形是不均匀的,但是可以把变形体分割成无数小的单元体,如果单元体足够小,则在小单元体内就可以近似视作是均匀变形。这样,就可以借用均匀变形理论来解释不均匀变形过程,由此构成坐标网格法的理论基础。网格原则上应尽可能小些,但考虑到单晶各向异性的影响,一般取边长 5mm、深度 1～2mm。

应当指出,当刻画网格的尺度很小,如网格为 1mm 间距以下时,必须借助工具显微镜测量,而线条及其间距应设法避免波动,以防影响精确性。

3. **实验设备、工具及材料**

(1)万能材料实验机;

(2)刻线打点机;

(3)挤压模具一套,材质为碳钢,不同模角和模具内孔直径的模子四个;

(4)游标卡尺、千分尺;

(5)每批次实验铅试件四块。

4. **实验步骤**

(1)试样准备,将试样打光、编号;

(2)在对剖试样的剖面上,划上对称的网格,如图 8-1 所示,方格每边长 5mm;

(3)用白纸将网格的图形印下来,将方格编号,再将粉笔涂在网格上;

(4)记录挤压筒和模子尺寸后,将试样装入挤压筒中;

(5)检查设备,准备就绪后进行挤压;

(6)观察网格的变化情况,测定与计算各方格的变形,将结果填入表中。

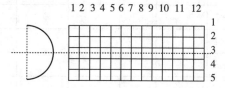

图 8-1 试样剖面网格图

5. **实验数据表格**

实验数据记录见表 8-1 所列。

表 8-1 实验数据记录

方格号	模孔直径	模角	试样直径	压后格长	压后格宽	长度线变形 $\varepsilon\%$	宽度线变形 $\varepsilon\%$	压后格角度 γ
1-1								
1-2								
1-3								
1-4								
1-5								
4-1								
4-2								
4-3								
4-4								
4-5								
7-1								
7-2								
7-3								
7-4								
7-5								

（续表）

方格号	模孔直径	模角	试样直径	压后格长	压后格宽	长度线变形 ε%	宽度线变形 ε%	压后格角度 γ
8－1								
8－2								
8－3								
8－4								
8－5								
9－1								
9－2								
9－3								
9－4								
9－5								
10－1								
10－2								
10－3								
10－4								
10－5								
11－1								
11－2								
11－3								
11－4								
11－5								
12－1								
12－2								
12－3								
12－4								
12－5								

6. 实验报告要求

(1)简述实验过程。

(2)由实验数据绘出各断面上宽度方向线变形分布图。

(3)由实验数据绘出各断面上长度方向线变形分布图。

(4)由实验数据绘出各断面上角变形分布图。

(5)由每批次四块试样的实验数据,分析模角和变形程度对金属挤压流动现象的影响,做出有关结论。

8.3　冷拔管材实验

1. 实验目的

(1)掌握采用固定短芯头拉拔管材的工艺流程及其配模设计方法；

(2)根据制品的尺寸和要求,确定所需要管坯的尺寸、拉拔道次及道次变形量。

2. 实验原理和内容

拉拔管材时,针对不同的目的,需采用不同的拉拔方法。对既减径又减壁的拉拔过程,则需采用带芯棒的拉拔方法才能实现。如图 8-2 所示,拉拔时,将带有短芯棒的芯杆固定,管坯通过模孔与芯棒之间的间隙实现减径和减壁。

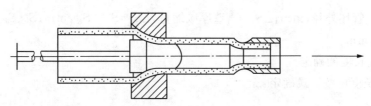

图 8-2　固定短芯头拉拔原理示意图

在固定短芯头拉拔时,配模设计的任务主要根据制品的尺寸和要求,确定所需要管坯的尺寸、中间退火次数、拉拔道次及道次变形量。

(1)总加工率的确定

拉拔时的总加工率大小可用总延伸系数 $\lambda_\sum$ 表示为如下形式:

$$\lambda_\sum = \lambda_中 \cdot \lambda_成 \tag{8-1}$$

式中,$\lambda_中$ —— 中间道次延伸系数,$\lambda_成$ —— 成品道次延伸系数。

(2)管坯断面尺寸确定

在进行配模设计时,管坯的断面尺寸可按照下式来确定:

$$F_0 = \lambda_\sum \cdot F_1 \tag{8-2}$$

式中,F_0、F_1 —— 管坯和成品管的断面积,$\lambda_\sum$ —— 总延伸系数。

减壁道次的确定如下式:

$$n_s = \ln \frac{S_0}{S_K} / \ln \bar{\lambda}s \tag{8-3}$$

或者

$$n_s = (S_0 - S_K)/\Delta \bar{S} \tag{8-4}$$

式中,n_s —— 减壁所需要的道次数,S_0、S_K —— 管坯及成品管壁厚,$\bar{\lambda}_s$ —— 平均道次壁厚延伸系数,$\Delta\bar{S}$ —— 平均道次减壁量。

对于带芯头拉拔后不需要整径拉拔的管材,根据拉拔道次和道次减径量,就可以确

定管坯的内径尺寸为

$$d_0 = d_k + (2 \sim 8)n_s \qquad (8-5)$$

如果是拉拔一些对表面质量或者外径尺寸精度要求较高的管材,带芯头拉拔后还需要进行一道次整径空拉,其管坯内径还应加上整径时的直径减缩量。整径时的直径减缩量一般为 $1.0 \sim 2.0\,\mathrm{mm}$,则

$$d_0 = d_k + (2 \sim 8)n_s + 1 \sim 2 \qquad (8-6)$$

式中,d_0——管坯内径,mm;d_k——成品管内径,mm;n_s——减壁道次数;$2 \sim 8$——减壁道次的内径减缩量,mm;$1 \sim 2$——空拉整径量,mm。

根据管坯的内径和壁厚减缩量,可求得管坯的外径尺寸为

$$D_0 = d_0 + 2(\Delta S + S_K) \qquad (8-7)$$

式中,D_0——管坯外径,mm;ΔS——壁厚减缩量,$\Delta S = S_0 - S_K$,mm;S_0、S_K——管坯及成品管壁厚,mm。

(3) 管坯长度的确定

管坯的长度可按下式确定:

$$L_0 = \frac{L_1 + L_余}{\lambda} + L_夹 \qquad (8-8)$$

式中,L_0——管坯长度,mm;L_1——成品管长度,mm;$L_余$——定尺管材长度余量,可取 $500 \sim 700\,\mathrm{mm}$;$\lambda$——延伸系数;$L_夹$——制作夹头余量。

(4) 中间退火次数的确定

在拉拔过程中,需要对管坯进行中间退火处理,恢复其塑性性能,提高管坯继续进行冷变形的能力。可以采用下式确定拉拔过程的中间退火的次数:

$$N = \frac{\ln\lambda_\sum}{\ln\overline{\lambda}'} - 1 \qquad (8-9)$$

或者

$$N = \frac{S_0 - S_K}{\Delta\overline{S}'} - 1 \qquad (8-10)$$

或者

$$N = n/n_均 - 1 \qquad (8-11)$$

式中,N——中间退火道次;$\lambda_\sum$——总延伸系数;$\overline{\lambda}'$——两次退火间的总平均延伸系数;$\Delta\overline{S}'$——两次退火间的总平均减壁量;S_0、S_K——管坯及成品管壁厚;n——总拉拔道次;$n_均$——两次退火间的平均拉拔道次。

3. 实验设备及工具和材料

(1) 设备:冷拔管机;

(2) 工具:锥形拉拔模、固定短芯头、千分尺、外卡钳、游标卡尺、钢板尺等;

(3)材料:6063 铝合金管材、润滑油等。

4. 实验方法与步骤

(1)管坯准备:根据制品的尺寸和要求,确定所需要的 6063 铝合金挤压管坯的尺寸。

(2)退火:6063 铝合金管坯带芯头拉拔时一般都要进行毛料退火操作。

(3)刮皮:6063 铝合金管坯表面如果存在有较明显的缺陷(擦伤、划伤、磕碰伤、起皮、表面局部微裂纹等),在拉拔前应用刮刀进行清除。

(4)制作夹头:为了将管坯从模孔中穿出,以便拉拔小车钳口夹持。

(5)润滑:带芯头拉拔的管坯,在拉拔前必须充分润滑其内表面,对管坯的外表面在拉拔过程中进行润滑。

(6)带芯头拉拔:根据确定好的拉拔道次,将管坯套在带有选定好的固定短芯头的芯杆上并从模孔中伸出,被拉拔小车的钳口夹住从模孔中拉出,并测量每个道次管材的外径和壁厚。

(7)根据实验记录数据,计算每个道次的减壁量,确定拉拔后的管材尺寸。

(8)最后确定制品采用固定短芯头拉拔的工艺流程。

5. 实验报告要求

(1)简述实验过程。

(2)根据实验数据确定所需要管坯的尺寸、拉拔道次及道次变形量。

(3)确定制品采用固定短芯头拉拔的工艺流程。

(4)分析润滑剂条件下的金属拉拔过程,并将理论计算值与实验结果进行比较,试从模具结构、润滑剂黏度和拉拔速度对拉拔制品质量的影响机理方面分析差异及其产生原因。

8.4　模(砂)型加工制造实验

1. 实验目的

通过实验理解 3D 打印技术的基本概念,了解 3D 打印机的系统组成,掌握 3D 打印机的基本操作,加深对三维印刷、光固化和熔融沉积制造的理解,培养实践能力和创新能力。

2. 实验原理

3D 打印(3D printing),又称增材制造(Additive Manufacturing,AM),属于快速成型技术的一种。它是一种以数字模型文件为基础的直接制造技术,几乎可以制造任意形状的三维实体。3D 打印运用粉末状金属或塑料等可黏合材料,通过逐层堆叠累积的方式来构造物体,即"积层制造"。3D 打印与传统的机械加工技术不同,后者通常采用切削或钻孔技术(即减材工艺)实现。在模具制造、工业设计等领域,3D 打印技术常常被用于制造模型,现正逐渐用于一些产品的直接制造,特别是一些高价值产品(比如髋关节、牙齿,或一些飞机零部件)已经拥有了使用这种技术打印而成的零部件,这意味着 3D 打印技术的普及。3D打印目前已有十余种不同工艺,如光固化立体造型(SLA)、层片叠加制造(LOM)、选择性激光烧结(SLS)、熔融沉积成型(FDM)、掩模固化法(SGC)、三维印刷法(3DP)、喷粒法(BPM)等。

易制科技彩色3D打印机 Easy3DP-300,采用3DP(三维印刷)成型技术。具体工艺过程如下:上一层黏结完毕后,成型缸下降一个距离(等于层厚:0.013~0.1mm),供粉缸上升一高度,推出若干粉末,并被铺粉辊推到成型缸,铺平并被压实。喷头在计算机控制下,按下一建造截面的成型数据有选择性地喷射黏结剂建造层面。铺粉辊铺粉时多余的粉末被集粉装置收集。如此周而复始地送粉、铺粉和喷射黏结剂,最终完成一个三维粉体的黏结。

光固化 Photon3D 打印机,采用SLA(光固化立体造型)成型技术。具体工艺过程如下:用特定波长与强度的激光聚焦光固化材料表面,使之按由点到线、由线到面顺序凝固,完成一个层面的绘图作业,然后升降台在垂直方向移动一个层片的高度,再固化另一个层面。这样层层叠加构成一个三维实体。

FDM教育用桌面级3D打印机采用FDM(熔融沉积)成型技术。具体工艺过程如下:将低熔点丝状材料通过加热器的挤压头熔化成液体,使熔化的热塑材料丝通过喷头挤出,挤压头沿零件的每一截面的轮廓准确运动,挤出半流动的热塑材料沉积固化成精确的实际部件薄层,覆盖于已建造的零件之上,并在1/10s内迅速凝固,每完成一层成型,工作台便下降一层高度,喷头再进行下一层截面的扫描喷丝,如此反复逐层沉积,直到最后一层,这样逐层由底到顶地堆积成一个实体模型或零件。

3. 实验内容

(1)应用计算机三维软件对成型零件进行建模并以"STL"格式保存,学习应用cura软件对模型进行转换制作保存;

(2)观察分析FDM教育用桌面级3D打印机了解其构造及使用方法。

4. 实验设备及材料

(1)Easy3DP-3003D打印机;光固化 Photon3D 打印机;FDM教育用桌面级;3D打印机。

(2)电脑、专用工具及辅助工具,成型材料,支撑材料等。

5. 实验步骤

以FDM教育用桌面级3D打印机为例。

(1)数据准备

① 零件三维CAD造型,生成STL文件(使用Pro/E、UG、SolidWorks、AutoCAD等软件);

② 选择成型方向;

③ 设置参数;

④ 对STL文件进行分层处理,启动cura软件,按原型机要求设置相关硬件参数,打开需选择的STL文档进行分层、做支撑物、喷料路径等编辑操作,储存*.Job文档。

(2)制造原型

成型准备工作:

① 开启原型机,设置 model suppod envelope 工作温度;

② 装料及出料测试,送模型材料、支撑材料至喷头出料嘴。通过查看材料的出料抽伸扭矩,判断其是否进入喷嘴装置。材料温度到达 270℃ 和支撑材料到达 235℃ 后,将喷头中老化的丝材吐完,直至 ABS 丝光滑;

③ 标定调校,启动 cura 软件,做支撑材料 X、Y 及 Z 轴方向吐料标定调校;

④ 造型,启动 cura 软件,添加 * . Job 文档联机,电脑自动将文档指令传输给机器。输入起始层和结束层的层数。单击"Start",系统开始估算造型时间。接着系统开始扫描成型原型;(估算造型时间应放在底板对高前,以免喷头烤到底板)

⑤ 后处理;

⑥ 设备降温;

⑦ 原型制作完毕后,如不继续造型。即可将系统关闭,为使系统充分冷却,至少于 30 分钟后再关闭散热按钮和总开关按钮;

⑧ 零件保温;

⑨ 零件加工完毕,下降工作台,将原型留在成型室内,薄壁零件保温 15~20℃;

⑩ 大型零件保温 20~30 分钟,过早取出零件会出现应力变形;

⑪ 模型后处理;

⑫ 小心取出原型。去除支撑,避免破坏零件。成型后的工件需经超声清洗器清洗,融化支撑材料。

(3)实验注意事项

① 存储之前选好成型方向,一般按照"底大上小"的方向选取,以减小支撑量,缩短数据处理和成型时间;

② 受成型机空间和成型时间限制,零件的大小控制在 $30mm \times 30mm \times 20mm$ 以内;

③ 尽量避免设计过于细小的结构,如直径小于 5mm 的球壳、锥体等;

④ 尤其注意喷头部位未达到规定温度时不能打开喷头按钮。

6. 实验报告要求

(1)简述实验过程;

(2)任选一图形,对其进行成型工艺分析(定义成型方向,指出支撑材料添加区域,成型过程中零件精度易受影响的区域)。

7. 思考题

(1)分析影响 FDM3D 打印精度的关键因素?

(2)造型精度如何影响零件精度?

(3)快速成型制造方法使用的场合有哪些?

第9章 材料成型工艺计算机辅助设计和模拟

9.1 概　述

　　材料成型及控制工程专业是以成型技术为手段、以材料为加工对象、以过程控制为质量保证措施、以实现产品制造为目的的工科专业。

　　材料成型及控制工程专业与机械设计制造及自动化专业、工业设计专业和工程装备与控制工程专业均隶属于机械学科，要求学生学习共同的机械工程基础理论。以材料为加工对象的特点决定了材料科学成为了本专业的基础知识；而以过程控制为质量保证措施这一特点，决定了控制理论成为本学科基础知识的重要组成部分。因此，材料类学科专业、自动化专业及计算机科学与技术专业等都成为了与本专业密切相关的学科。此外，随着科学技术的发展和学科交叉，本专业比以往任何时候都更紧密地依赖诸如数学、物理、化学、微电子、计算机、系统论、信息论、控制论及现代化管理等各门学科及其最新发展成果。

　　材料成型及控制工程这一隶属于机械学科、具有机械类学科典型特征的专业，同时还具有浓厚的材料学科的色彩，成为了一个业务领域宽、知识范围广的名副其实的宽口径专业。继续进行深入研究，准确界定专业内涵，对专业的发展具有重要的意义。

　　计算机辅助设计（CAD——Computer Aided Design）指利用计算机及其图形设备帮助设计人员进行设计工作。在设计中通常要用计算机对不同方案进行大量的计算、分析和比较，以决定最优方案；各种设计信息，不论是数字的、文字的或图形的，都能存放在计算机的内存或外存里，并能快速地检索；设计人员通常用草图开始设计，将草图变为工作图的繁重工作可以交给计算机完成；由计算机自动产生的设计结果，可以快速做出图形，使设计人员及时对设计做出判断和修改；利用计算机可以进行与图形的编辑、放大、缩小、平移和旋转等有关的图形数据加工工作。

　　数值模拟也叫计算机模拟。依靠电子计算机，结合有限元或有限容积的概念，通过数值计算和图像显示的方法，达到对工程问题和物理问题乃至自然界各类问题研究的目的。数值模拟实际上应该理解为用计算机来做实验，在计算机上实现一个特定的计算，非常类似于履行一个物理实验。这时分析人员已跳出了数学方程的圈子来对待物理现象的发生，就像做一次物理实验。

　　目前材料成型及控制工程主要的发展依赖计算机技术在材料成型及控制工程方面的

应用,材料成型计算机辅助设计和数值模拟是其中的两个主要发展方向。为跟上发展的脚步,培养学生应用计算机辅助设计和数值模拟技术解决材料成型过程中的具体问题的能力,本教程结合多门专业课程开发了多项有关材料成型工艺计算机辅助设计和模拟实验。

9.2　角钢孔型计算机辅助设计

1. 实验目的

(1)了解 AutoCAD 的功能与使用;

(2)利用 AutoCAD 完成角钢蝶式孔的绘制。

2. AutoCAD 软件简介

AutoCAD 软件是美国 Autodesk 公司推出的商业化绘图软件包。AutoCAD 为用户提供了友好的操作界面,用户界面主要包括:标题栏、菜单栏、工具栏、状态栏、绘图窗口、文本窗口、命令行窗口、十字光标等。

(1)菜单栏

AutoCAD 菜单栏为标准下拉式菜单,包括“文件”“编辑”“视图”“插入”“格式”“工具”“绘图”“标注”“修改”“窗口”“帮助”11 个选项。每个菜单项基本上都有相应的命令与其对应。选项菜单项(部分)的功能如下:

① 文件(File)操作

新建(N)——新建图形文件。

打开(O)——打开图形文件。

保存(S)——保存图形文件。

另存为(A)——以另外的名字保存图形文件。

输出(E)——以其他文件格式保存图形文件(.bmp、.dwf、.wmf 等图形数据格式)。

打印(P)——打印图形。

② 编辑(Edit)操作

放弃(U)——可以在绘图时退回到以前的任意一步。

重做(R)——可以取消放弃命令产生的效果。

剪切(T)——将选定的图形进行剪切。

复制(C)——将选定的图形进行复制。

粘贴(P)——将已剪切或复制到剪贴板上的图形粘贴到指定的位置。

清除(A)——清除所选择的图形对象。

③ 视图(View)操作

重画(R)——重绘当前视区图形,去除痕迹。

重生成(G)——重生成当前视区图形,但与重画不同,重生成对图形的各线段、坐标进行重新计算,对数据库重新索引使之优化。

缩放(Z)——缩放显示图形。

平移(P)——移动图形对象。

④ 插入(Insert)操作

块(B)——可以在图形的任何位置插入图块。

外部参照(X)——进行外部引用操作,即把已有的图形文件像块一样插入当前图形。

光栅图像(I)——可以把很多格式的图片插入 AutoCAD 图形文件中(包括.BMP、.TIF、.RLE、.JPG、.GIF 和 .TGA 等文件格式)。

ACIS 文件(A)——读入一个 ACIS 格式的文件(扩展名为 .SAT)。

⑤ 格式(Format)操作

图层(L)——设置绘图的图层。

颜色(C)——为图形设置颜色。

线形(N)——设置线形并装载线形。

线宽(W)——设置线形的宽度。

文字样式(S)——设置文本格式。

标注样式(D)——设置尺寸标注格式。

图形界限(A)——设定绘图屏幕大小。

⑥ 工具(Tools)操作

显示顺序(O)——改变图形实体的显示次序。

查询(Q)——查询图形特性,如计算两点间距离、封闭区间面积等。

特性(I)——显示并改变图形特性。

运行脚本(R)——调用并执行脚本(类似批处理命令)文件。

显示图像(Y)——显示".BMP"".TGA"、或".TIFF"格式的图像文件。

自定义(C)——自定义菜单、工具栏与键盘。

选项(N)——用来进行 AutoCAD 环境设置。

⑦ 绘图(Draw)操作

直线(L)——绘制直线。

射线(R)——绘制射线。

矩形(G)——绘制矩形。

圆弧(A)——绘制圆弧。

圆(C)——绘制圆。

图案填充(H)——实现一个填充剖面样式对一个封闭的图形区域进行边界填充。

文字(X)——在图形的指定位置输入文字。

⑧ 标注(Dimension)操作

线性(L)——标注线性尺寸,包括水平方向的尺寸和垂直方向的尺寸。

半径(R)——标注圆或圆弧的半径。

直径(D)——标注圆或圆弧的直径。

角度(A)——标注实体之间的夹角。

连续(C)——把已存在的尺寸的第二条尺寸界限的起点作为新尺寸的第一条尺寸界限的起点,来连续标注尺寸。

⑨ 修改(Modify)操作

复制(Y)——复制图形实体。

镜像(I)——镜像拷贝实体。

移动(V)——用来移动图形。

旋转(R)——用来旋转图形。

缩放(L)——按给定比例因子缩放图形实体。

拉伸(H)——拉伸移动图形(必须使用窗口选择图形)。

拉长(G)——改变实体的长度及圆弧角。

修剪(T)——用来修剪图形实体。

打断(K)——将实体一分为二或删除实体的一部分。

倒角(C)——对实体倒直角。

圆角(F)——对实体倒圆角。

此外,可以从 AutoCAD 帮助文件中获得帮助。

(2)工具栏

尽管 AutoCAD 提供了丰富的菜单来方便用户的操作,但是有时使用起来可能仍然较为繁琐。为此,AutoCAD 将一些常用的命令以工具栏的形式提供给用户,它是一种替代命令或下拉式菜单的简便工具。

(3)命令行窗口

命令行是 AutoCAD 与用户进行交互式对话的地方,它用于显示系统的信息以及用户输入的信息。在早期版本中,命令行窗口是 AutoCAD 与用户的主要交互手段。随着图形用户界面的不断完善,AutoCAD 将用户的注意力从命令行逐步转向设计,在 AutoCAD 2000 中,用户已经可以不依赖于命令行了。

3. 角钢蝶式孔绘制

图 9-1 为上轮廓线不变蝶式孔构成图。欲画蝶式孔型,首先要确定 A、B、C、D、E、F 各点的位置,计算 AC、AE、CE 等线段的长度。

4. 步骤

打开 AutoCAD 进入绘图界面。

在"格式"菜单中点中"图层",设置

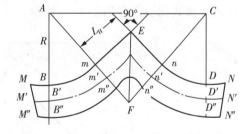

图 9-1　上轮廓线不变蝶式孔构成图

绘图的图层。新建图层 1,并将其设为当前层,选择并加载线形为 ACAD_ISO08W100,颜色选择为"绿色"。

Units　设定十进制一位小数。

Ltscale　设定线形比例为 1。

Limits　设定图幅为(180,120)。

Zoom　A。

Line　画水平中心线和上、下辊水平线。

Line　画垂直中心线,捕捉水平线中点画线并延长。

在"格式"菜单中点中"图层"，设置绘图的图层。新建图层 2，并将其设为当前层，选择并加载线形为 Continuous，颜色选择为"青色"。将图层的线宽设置为 0.3mm。

Arc　　分别画出左边 R26、R35、R44 三段实线弧。

Line　　分别画出左边与三段实线弧相切的斜实线。

Line　　分别画出左边与三段实线弧相连接的水平实线段。

Line　　分别画出左边上辊孔型侧壁斜线与边端头直线。

Line　　分别画出左边下辊孔型侧壁斜线与边端头直线。

Mirror　　以垂直中心线为轴作出左边图形的镜像。

在"格式"菜单中点中"图层"设置绘图的图层。新建图层 3，选择并加载线形为 Continuous，颜色选择为"黄色"。将图形的右半边设置为图层 3。

Mirror 仅打开图层 2 或图层 3，以垂直中心线为轴作出图层 2 与图层 3 的另外一半图形的镜像。

仅打开图层 2。

Fillet　　将孔型上下辊各连接处倒圆角。

在"格式"菜单中点中"图层"，设置绘图的图层。新建图层 4，并将其设为当前层，选择并加载线形为 Continuous，颜色选择为"红色"。

Dimtxt　　设置尺寸文本高度为 2.5。

DimAsz　　设置尖头大小为 2.5。

逐一标注水平尺寸。

逐一标注垂直尺寸。

标注顶角大小尺寸。

逐一标注圆弧尺寸。

绘制的蝶式孔型图形如图 9-2 所示。

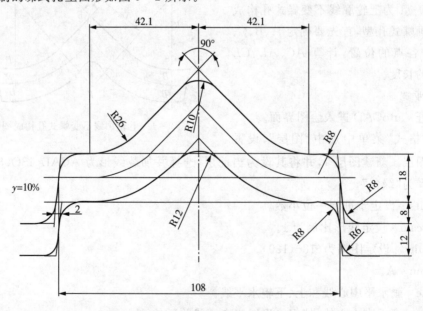

图 9-2　绘制的蝶式孔型图

5. 实验报告要求

详细列出绘制的蝶式孔图形及所用步骤与命令。

9.3　圆钢孔型计算机辅助设计

1. 实验目的

(1)学会用 Visual Basic 高级语言进行编程；

(2)了解 CARD 软件的功能和特点，编制简单的圆钢孔型辅助设计软件(程序)。

2. Visual Basic 软件介绍

Visual Basic 是一种面向对象的高级编程语言，它通过对对象的选择、组合、控制和过程代码的编制，完成编程工作。

(1)特点

① 可视化的设计平台。开发人员不必为界面的设计编写大量程序代码，只需要按照设计的要求用系统提供的工具在屏幕上画出各种对象即可。

② 面向对象的设计方法。Visual Basic 作为一种面向对象的编程方法，把程序和数据封装起来作为一个对象，并为每个对象赋予相应的属性。

③ 结构化的设计程序。Visual Basic 是在 Basic 语言的基础上发展起来的，具有高级程序设计语言的语句结构，接近于自然语言和人类的逻辑思维方式。

④ 事件驱动的编程机制。Visual Basic 通过事件来执行对象的操作。例如命令按钮是一个对象，当用户单击该按钮时，将产生一个单击事件，而在产生该事件时执行一段程序，用来实现指定的操作。

(2)窗体与控件

窗体与控件是创建界面的基本构造模块。

窗体(Form)是一块画布，在窗体上可以直观地建立应用程序。在设计程序时，窗体是"程序员"的工作台，在运行程序时，每个窗体对应于一个窗口。

控件有三种类型：

① 标准控件；

② ActiveX 控件；

③ 可插入对象。

控件以图形的形式放在工具箱中，每种控件都有其对应的图标。标准控件有命令按钮(Command Button)、文本框(Text Box)、标签(Label)等。

(3)创建一个 Visual Basic 程序的步骤

应用 Visual Basic 开发应用程序时需要以下几个步骤：

① 创建应用程序界面；

② 设置属性；

③ 编写代码；

④ 了解型钢 CARD 软件的功能和特点。

型钢产品的品种不同,孔型系统不同,其 CARD 软件的功能各不相同。例如角钢、工字钢、槽钢、H 型钢各有功能不同的 CARD 软件。但一般的 CARD 软件具有的功能有设备参数、坯料规格、成品规格、钢种、轧制温度及轧辊材质的输入,轧件尺寸、孔型尺寸、轧制温度、连轧常数、力能参数及各种工艺参数的输出。根据计算的孔型尺寸,绘制孔型样板图和配辊图。上述计算结果和绘制的图形还可输出到打印机上,最后打印出孔型参数表、轧制工艺参数表、孔型图和配辊图。

应用 Visual Basic 编出的 CARD 软件具有可靠性高、操作灵活、较符合人的思维方式等特点。

3. 圆钢孔型辅助设计软件(程序)的编制

由于型钢 CARD 软件的功能强大,孔型设计中数学模型较多,选择较为复杂。本实验仅以圆钢成品孔型设计为例,说明 CARD 软件(程序)的编写过程与方法。

(1)建立应用程序界面

新建一个工程。启动 Visual Basic 后,系统显示"新建工程"对话框,在对话框的选项卡中选择"标准 EXE",然后单击"打开"按钮,即可开始设计应用程序。

添加控件。在窗体上画出代表各个对象的控件。这里需要的控件有框架(Frame)、命令按钮(Command Button)、文本框(Text Box)、标签(Label)、图形框(PictureBox)。建立好的程序界面如图 9-3 所示。

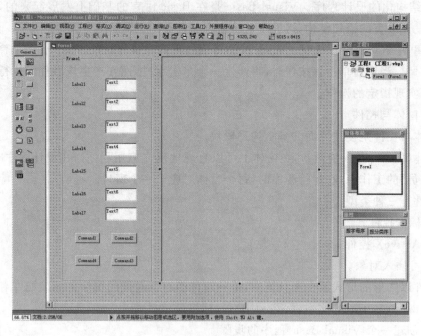

图 9-3　程序界面

(2)设置属性

将控件激活,在属性窗口中设置控件属性。如将 Command 1 的 Caption 改为"计算",将 PictureBox 的 BackColor 改为"窗口背景"等。图 9-3 为属性设置好的各控件。

（3）编写代码

应用程序代码在代码窗口中编写，双击需要编写代码的控件可弹出代码窗口。本实验为 Command 1～3，即"计算""图形""清除"编写的代码如下：

```
Private Sub  Command1_Click()   孔型参数计算

Const pi = 3. 1415927
Dim d As Single,e As Single,q As Single,a0 As Single
d = Val(Text1. Text);e = Val(Text2. Text)
q = Val(Text3. Text);a0 = Val(Text4. Text);s = Val(Text5. Text)
h = (d - (0. 9 * e)) * q;r = h/2
b = 2 * r * Cos(pi/6) + 2 * (r * Sin(pi/6) - s/2) * Tan(pi/6)
Text6. Text = h;Text7. Text = b
End Sub
Private Sub Command2_Click()   画孔型图
Const pi = 3. 1415927
Picture1. Cls
Picture1. ScaleMode = 6
Picture1. Scale(0,0) - (60,60)
x0 = 30;y0 = 30
a0 = Val(Text4. Text);s = Val(Text5. Text)
h = Val(Text6. Text);b = Val(Text7. Text)
r = h/2;b1 = r * Cos(a0);b2 = r * Sin(a0)   画坐标轴
Picture1. Line(x0 - b/2 - 5,y0) - Step(b + 10,0),1
Picture1. Line(x0,y0 - h/2 - 5) - Step(0,h + 10),1   画孔型
Picture1. Line(x0 - b/2,(y0 - s/2)) - Step( - 5,0),1
Picture1. Line(x0 + b/2,(y0 - s/2)) - Step(5,0),1
Picture1. Line(x0 - b/2,(y0 + s/2)) - Step( - 5,0),1
Picture1. Line(x0 + b/2,(y0 + s/2)) - Step(5,0),1
a1 = a0;a2 = pi - a1;a3 = pi + a1;a4 = 2 * pi - a1
Picture1. Circle(x0,y0),r,1,a1,a2
Picture1. Circle(x0,y0),r,1,a3,a4
Picture1. Line((x0 - b/2),(y0 - s/2)) - ((x0 - b1),(y0 - b2)),1
Picture1. Line((x0 - b/2),(y0 + s/2)) - ((x0 - b1),(y0 + b2)),1
Picture1. Line((x0 + b/2),(y0 - s/2)) - ((x0 + b1),(y0 - b2)),1
Picture1. Line((x0 + b/2),(y0 + s/2)) - ((x0 + b1),(y0 + b2)),1
End Sub
Private Sub Command3_Click()   清除数据与图形
Text1 = ""
Text2 = ""
Text3 = ""
Text4 = ""
Text5 = ""
```

```
Text6 = ""
Text7 = ""
Picture1.Cls
End Sub
```

（4）程序的运行、保存

从"运行"菜单中选择"启动"可以运行程序。圆钢成品孔型设计运行结果如图 9-4 所示。文件的保存可以通过"文件"菜单中的"保存工程"或"工程另存为"命令完成。

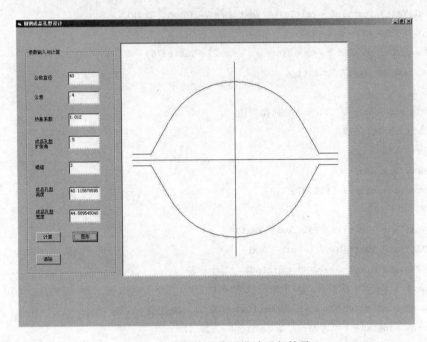

图 9-4　圆钢成品孔型设计运行结果

4. 实验报告要求

（1）叙述 Visual Basic 程序的编制过程、型钢 CARD 软件的功能与特点；

（2）列出应用 Visual Basic 语言编制圆钢成品孔型的辅助设计软件（程序）。

注：建议根据实际情况选择编程软件。

9.4　钢管冷拔（短芯棒）过程数值模拟

1. 实验目的

（1）更加深入了解钢管冷拔（短芯棒）过程；

（2）掌握使用计算机软件模拟钢管冷拔的方法。

2. 冷拔模拟的基本条件及参数

外模：苏式模，几何形状尺寸如图 9-5 所示，拔模参数见表 9-1 所列。

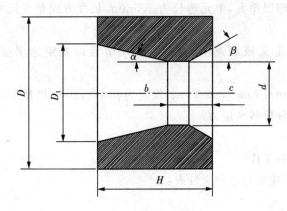

图 9-5 拔模尺寸示意图

表 9-1 拔模参数

参数	d/mm	D/mm	H/mm	b/mm	c/mm	α/°	β/°	D_1/mm
数值	63.5	175	60	6	7	12	30	84.83

内模:短芯棒,圆柱形,直径 53.5mm,长度 25mm。

接触面摩擦系数 $f=0.1$。

母管截面尺寸:$\phi76 \times 6$mm,长度 300mm。

钢种:41Cr4。

组织状态:退火态。

拔制速度(稳态):1000mm/s。

3. 分析的基本要求

运用 MSC.SuperForm 对钢管冷拔过程进行弹塑性分析,并要求:

(1)确定拔后截面尺寸(精确到 0.01mm),分析壁厚变化;

(2)拔制力变化及其最大值(精确到 100N);

(3)最大拔制应力(精确到 1MPa);

(4)芯棒轴向力及变化特性分析(注:意义在于分析芯棒拉杆的受力及弹性伸长,分析钢管内表抖纹缺陷的产生);

(5)等效塑性应变沿壁厚的分布(分内外层和中间层);

(6)壁厚内外层拉压变形特性分析;

(7)壁厚内外层残余应力水平。

4. 分析扩展

(1)界面摩擦对拔制力的影响;

(2)界面摩擦对拔后钢管截面尺寸的影响。

5. 提示

(1)属轴对称问题,做纯力学分析(非热-力耦合)。

(2)对称轴为 x 轴且为拉拔方向。

(3)芯棒的位置自行确定,但注意到芯棒位置会影响拔制力的大小。

（4）壁厚划分为四层单元，单元边长为 1.5mm，长度方向单元尺寸为 1mm。建模时不必考虑捶头部分。

（5）用边界条件定义拔制速度，即钢管前端节点以规定速度前进，而速度用表格定义。

（6）拔制时间（Total Loadcase Time）设定为 0.48s，2000 增量步，保证钢管尾部完全脱离拔模，否则无法分析残余应力。

6. 参考步骤

（1）分析前的准备工作

在某一根目录下建立自己的文件夹：

tube_cold_draw

确定分析类型：

JOB TYPE

Axisymmetric analysis

Mechanical

（2）前处理

① 网格生成

拔模的几何描述

外模构形。按题意确定拔模内孔纵剖面上几个固定点的坐标：

$$P_i(x_i,y_i,0)$$

Mesh Generation

PTS - ADD

0,42.415,0　（→P1）（注释：这里"→"表示"生成了"）

47,31.75,0　（→P2）

53,31.75,0　（→P3）

60,35.79,0　（→P4）

CRVS Type - Line

CRVS - ADD

P1　G(ML)(注释：这里"G(ML)"表示在图形区内点击鼠标左键)

P2　G(ML)　（→line1）

P2　G(ML)

P3　G(ML)　（→line2）

P3　G(ML)

P4　G(ML)　（→line3）

CRVS Type - composite

line1　G(ML)

line2　G(ML)

line3　G(ML)

End - list(#)　or G(MR)(→composite curve,即外模)

SELECT

CRVS – STORE

Die(外模)

composite line　G(ML)

EED LIST(♯)

内模构形

Mesh Generation

PTS – ADD

30.5,26.75,0　(→P1)

53.5,26.75,0　(→P2)

55.5,24.75,0　(→P3)

55.5,22.5,0　(→P4)

CRVS – ADD

P1　G(ML)

P2　G(ML)(→line1,即为内模工作面)

P3　G(ML)

P4　G(ML)　(→line2,即为内模前端面)

CRVS – TYPE – FELLET(画圆弧倒角)

line1　G(ML)

line2　G(ML)

Input data from keyboard)　(生成线 1 和线 2 的连接圆弧 arc)

CRVS Type – composite(生成复合曲线)

line1　G(ML)

line2　G(ML)

arc　G(ML)

End – list(♯)　or G(MR)(→composite curve,即为内模)

SELECT

CRVS – STORE

Bar(内模)

composite line　G(ML)

END LIST(♯)

母管有限元网格

② 单元生成

方法:先生成 4 个 2 节点线单元,然后扩展成面单元(对轴对称问题则为环单元)

NODES – ADD

0,41.25,0　(→N1)

0,39.75,0　(→N2)

0,38.25,0　(→N3)

0,36.75,0　(→N4)

0,35.25,0　(→N5)

Element Type – line(2)

```
ELMS – ADD
N1   G(ML)
N2   G(ML)   (→E1,生成第 1 个单元)
N2   G(ML)
N3   G(ML)   (→E2)
N3   G(ML)
N4   G(ML)   (→E3)
N4   G(ML)
N5   G(ML)   (→E4)
Expand
Translations
－1 0 0   (x 负方向每次扩展 1mm)
REPETITIONS
300(向 x 负方向扩展 300 次)
ELEMENTS – VISIB
SELECT
ELEMENTS – STORE
Tube
VISIB
SWEEP – REMOVE – UNUSED NODES(除去多余节点)
FLIP ELEMENTS – ALL EXIST
MOVE(移动母管,使其与外模接触)
TRASLATIONS
19,0,0(使母管向 x 正向移动 19mm)
ELEMENTS
ALL – EXIST(♯ –)
```

单元集合的定义

在工件的有限元网格生成以后再定义几个单元集合,以便于后处理时取出用于单独分析,从而容易获得一些特定的物理量。定义方法如下:

```
MESH GENERATION
SELECT
ELEMENTS – STORE
S1(从键盘输入)
Elements of S1(在图形区内用 BOX 选取要定义为 S1 所包含的单元)
G(MR)
ELEMENTS – STORE
S2(从键盘输入)
Elements of S2(在图形区内用 BOX 选取要定义为 S2 所包含的单元)
G(MR)
……
ELEMENTS – STORE
```

S6（从键盘输入）

Elements of S6（在图形区内用 BOX 选取要定义为 S1 所包含的单元）

G(MR)

可用上述方法在不同位置定义不同单元数的单元集合。

图 9-6 为所定义的相隔 9 个单元间距的 6 个单元集合，相当于定义了 6 个单元切片。

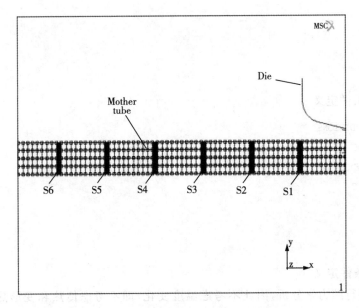

图 9-6　相隔 9 个单元间距的 6 个单元集合

● 材料性质定义

Material Properties

READ

41Cr4

ELEMENTS - ADD

VISIB(1200 Elements)

● 接触定义

Contact Bodies

　New

　　Name

　　　tube

WORKPIECE

ELEMENTS - ADD

VISIB

New

Name

　　Die

```
RIGID
Friction coefficient
  0.1
OK
CRVS - ADD
VISIB
CONTACT TABLES
NEW
PROPERTIES
TOUCHING
OK
```

● 初始条件定义

```
INIYIAL CONDITIONS
TEMPERATURE
TEMPERATURE ON
20(室温 20℃)
OK
NODS - ADD
VISIB
```

● 边界条件定义

由于是进行纯力学分析,因此不考虑温度变化,即不考虑传热和变形热效应。故边界条件只有位移边界条件。为了使钢管在规定的速度下完成拔制变形,使钢管前端节点按规定的速度前进即可,这样处理不会影响拔制变形过程的物理本质。

先定义一张位移-时间线性关系表格 Dis_x,并假定在 1s 时间内钢管前端运行 1000mm。

```
BOUNDARY CONDITIONS
NEW
NAME
Dis_x
FIXED DISPLACEMENT
DISPLACEMENT ON
TABLE(TIME)
Dis_x
OK
NODS - ADD
nodes(用 BOX 选取钢管前端面指定的 5 个节点及金靠前端外侧连续 2 个节点)
G(MR)
```

若进行的是热力耦合分析,还可以定义传热边界条件。图 9-7 为定义位移边界条件的节点指示。

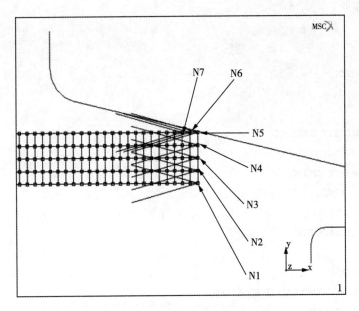

图 9-7　定义位移边界条件的节点指示

(3)求解

① 定义载荷工况

LOADCASES

OTHER STAGES

QUASI - STATIC →

CONTACT TABLE

ctable1

OK

CONVERGENCE TESTING

RELATIVE

DISPLACEMENTS

TOTAL LOADCASE TIME

0.48

♯ STEPS

2000

OK

② 定义作业参数

JOBS

SELECT LOADCASES

lcase1

OK

icond1(施加温度初始条件)

Dis_x(施加位移边界条件)

③ 提交作业

```
JOBS
ADVANCED
CONTACT CONTROL
COMB
ARCTANGENT
RELATIVE VELOCITY THRESHOLD
0.1
ADVANCES CONTACT CONTROL
DISTANCE TOLORANCE
0.05
DISTANCE TOLORANCE BIAS
    0.9
DOUBLE－SIDED
OPTIMIZE CONTACT CONSTRAINED EQUATIONS
SEPERATION CRITERION
FORCE
  1
INCREMENT－CURRENT
CHANGING－ALLOWED
CONTACT TABLE
ctable1
OK
        OK
JOB RESULTS
FREQUENCY
10
OK
RESTART
WRITE RESTART DATA
MULTIPLE INC.PER FILE
INCREMENT NUMBER
100
OK
OK
RUN
```
SUBMIT(1)(程序开始运行,直到分析结束。正常结束时退出代码为 3004,即 EXIT NUMBER 3004)

(4)后处理(只做部分分析)

打开结果文件,提取相关信息。

POSTPROCESSING

```
RESULTS
OPEN DEFAULT
```

① 拔后截面尺寸及壁厚变化

要获得钢管拔后尺寸,只需取出一个预先定义的集合,测量其坐标即可实现。如取出集合 S6,如图 9-8 所示。由于单元已发生变形,不能采用测量节点间距的方法来获取壁厚值。

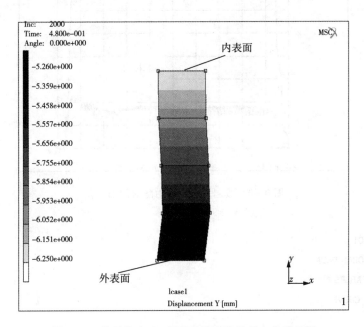

图 9-8　单元集合 S6 变形后的形状及径向位移云图

命令流如下:

```
POST FILE
SELECT
SELECT SET
S6
OK
MAKE VISIBLE
FILL(使 S6 充满图形区)
```

图 9-8 中的黑白深浅表示了径向位移沿壁厚的分布,节点均朝 y 的负方向移动了,且钢管外表节点位移大于内表节点位移,这表明钢管壁厚件变薄,据此可得出内外侧节点的位移差,即壁厚减薄量 $\Delta S=1.032$mm。

② 拔制力和芯棒轴向力

拔制力变化通过历史绘图(HISTORY PLOT)来表达,即横坐标为时间或增量步,纵坐标为拔制力。图 9-9 为拔制力和芯棒(轴向)力随时间的变化,可以看出最大拔制力为529.2kN,而芯棒力为 119.3kN。

命令流如下:

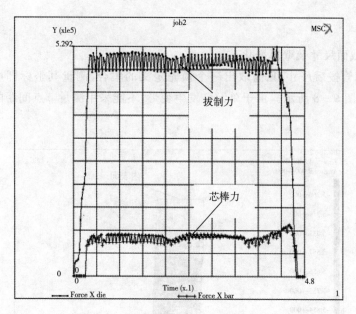

图 9 - 9　拔制力和芯棒力随时间的变化

```
POST FILE
HISTORY PLOT
COLLECT GLOBAL DATA
NODES/VARIABLES
ADD GLOBAL CURVE
TIME
FORCE X die　（拔制力随时间的变化）
ADD GLOBAL CURVE
TIME
FORCE X bar　（芯棒力随时间的变化）
FIT
```

③ 等效塑性应变沿钢管壁厚的分布

要了解等效塑性应变沿钢管壁厚的分布。可采用路径绘图（PATH PLOT）的方式来实现，即选取一条径向节点路径，考察物理量沿这条路径的分布情况。对本问题，横坐标为节点路径，而纵坐标为各节点的等效塑性应变。图 9 - 10 为等效塑性应变沿钢管壁厚的分布。

命令流如下：

```
POST FILE
PATH PLOT
NODE PATH
N1　G(ML)　（节点路径的起始节点，内表节点）
N2　G(ML)　（节点路径的起始节点，外表节点）
G(MR)
```

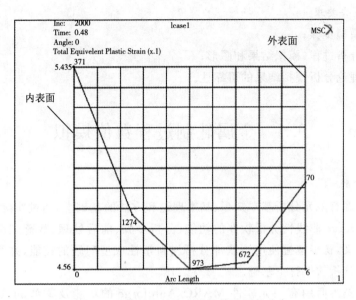

图 9-10　等效塑性应变沿钢管壁厚的分布

VARIABLES

ADD CURVE

ARC LENGTH

TOTAL EQUIVALENT PLASTIC STRAIN

FIT

④ 残余应力分布

拔制后钢管内的残余应力分布同样可用上面的方法获得,只是纵坐标不同而已。图 9-11 为轴向残余应力 σ_x 沿钢管壁厚的分布。

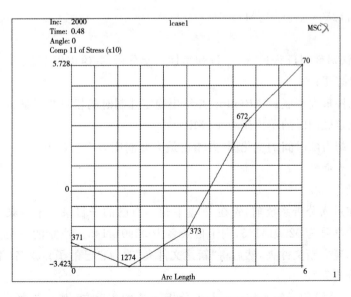

图 9-11　轴向残余应力 σ_x 沿钢管壁厚的分布

7. 实验报告要求

(1)简述模拟步骤;

(2)列出分析过程,模拟结果和图形;

(3)结合理论分析模拟结果的可靠性。

9.5　金属轧制过程数值模拟

1. 实验目的

在学习掌握有限元分析基本知识、基本理论和方法的基础上,通过实际上机操作,熟悉 MSC. Autoforge 非线性分析软件的功能、分析步骤、前后处理、载荷工况和提交分析的参数设置定义,初步掌握使用该软件分析材料塑性成型问题的技能,并为学会使用其他商用有限元分析软件打下基础。

在上机前熟悉商用有限元软件 MARC/Autoforge 的功能及菜单,了解参数设置和定义。

2. 模拟变形工艺、参数与基本要求

(1)上机模拟题目

题目:中厚板二辊粗轧第一道轧制过程数值模拟仿真。

已知参数如下:

轧辊直径:840mm,辊身长度:2500mm,转速:80r/min;

轧件入口厚度:180mm,宽度:1800mm,长度:1000mm;

轧制方式:纵轧,压下量:36mm($\Delta H/H=20\%$);

轧件材质:C22;

开轧温度:1250℃(温度均匀)。

(2)要求

用有限元法对轧制过程进行 3-D 弹塑性力学分析,并给出以下结果:

① 轧制状态图;

② 分析轧件最大宽展量 ΔB(mm)并给出稳定轧制时的相对宽展量 $\Delta B/B$;

③ 预估稳定轧制时的单位压力 P(MPa);

④ 打印轧制力随时间的变化图,并指出最大轧制压力 P_{max}(kN)。

3. 模拟参考步骤

(1)文件操作

开机后,在进入分析系统前,先在 D 盘下建立自己的子目录。子目录名必须为自己的学号,如你的学号为 029014145,则子目录名为 029014145。建立的方法是在桌面上双击"我的电脑",建立新文件夹,然后将"新建文件夹"改为自己的子目录名(学号)。

(2)进入分析系统

用鼠标双击 MARC/Autoforge,进入分析系统的主菜单,然后选择三维力学分析。用鼠标左键点击 3-D ANALYSIS 中按钮 MECHANICAL 即可。进行上述操作后即进入三维力学分析的主菜单。

（3）前处理

1）模型的几何描述

首先要确定成型系统有几个接触体。根据题目的性质，变形具有对称性（上下左右均对称），可取轧件横截面的 1/4 进行分析。这样，本系统可简化为三个几何体，即轧件（1/4）、上轧辊和推头。

进入分析系统后，当前的整体坐标系为系统默认的坐标系。可在图形区中见到 x、y、z 的方向。选定轧制方向为 z 方向，横向为 x 方向，而铅垂方向为 y 方向，如图 9 - 12 所示。

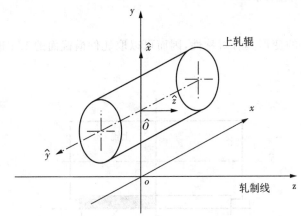

图 9 - 12　局部坐标与整体坐标间的关系

2）轧辊的描述

轧辊是一个转动体，即这类几何体要绕自身轴线旋转。在 MARC 中规定：旋转轴一定是局部坐标的 $\hat{y}$ 轴。因此要完成对轧辊的定义，首先要进行局部坐标系 $\hat{o}-\hat{x}\hat{y}\hat{z}$ 的定义。局部坐标系由三点确定，即按如下顺序依次输入三个点的整体坐标值：

① 局部坐标系 $\hat{o}-\hat{x}\hat{y}\hat{z}$ 原点在整体坐标系 $o-xyz$ 中的坐标；

② 局部坐标 $\hat{x}$ 轴上一点在整体坐标系中的坐标；

③ 局部坐标 $\hat{y}$ 轴上一点在整体坐标系中的坐标。

一般情况下，可取 $\hat{x}=\hat{y}=1$。于是对本问题有如下三点：

$(0,492,0)$、$(0,493,0)$ 和 $(-1,492,0)$。

点击 MESH GENERATION，进入网格生成子菜单，即可进行几何描述。以下是轧辊几何描述的操作步骤：

```
MESH GENERATION
SET
ALIGN
0.492,0
0.493,0    }定义局部坐标系
-1,492,0
RETURN
```

```
    CURVS TYPE
        LINE
RETURN
CURVS ADD
        point(420, - 1250,0)
        point(420,1250,0)
REVOLVE
        CURVES （选中刚生成的直线,再按鼠标右键即生成轧辊曲面）
SET
    RESET （返回整体坐标系）
```

3）轧件的描述

如前所述,轧件的变形具有对称性,因而可以取轧件横截面的 1/4 进行分析,如图 9 - 13 所示。

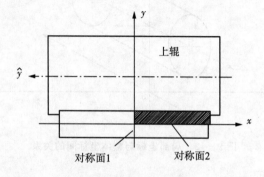

图 9 - 13   利用对称性取轧件横截面 1/4 建模

工件生成有限元网格的方法有多种,本例采用转换-扩展法来生成。先在上轧辊正下方生成一个四边形（面）,代表轧件的横截面（注意是轧件横截面的 1/4,这里不妨取处在第一象限的 1/4,如图 9 - 13 所示）,然后将此 Quad 面转换为平面单元,再将这些平面单元向轧制的反方向（Z 的负方向）扩展,生成三维实体单元,而这些实体单元就构成了轧件（坯料）。操作过程如下：

```
MESH GENERATIION
    SURFS TYPE
```

（也可点击 PTS - ADD,通过键盘逐一生成 4 个点,然后点击 SURFS - ADD 后按顺序选取这 4 个点,即可生成一个 QUAD 面。这种方法的好处就是省去了在键盘上多次键入 point( )的操作）

```
        QUAD
        RETURN
    SURFS ADD
        point(0,0,0)
        point(0,90,0)
        point(900,90,0)
        point(900,0,0)
CONVERT
```

```
DIVISIONS
   4,20(欲划分的网格密度,宽度方向 20、厚度方向 4 个单元)
SURFACS TO ELEMENTS
   Surface(选中刚生成的四边形,即生成 20 ×4 个 Q4 单元)
EXPAND
   0,0,－20(向轧制反方向每次移动 20mm)
REPETITIONS
   50(扩展 50 次使轧件长度达到 1000mm)
ELEMENTS
ALL－EXIST
```

完成上述操作后,即生成了轧件(坯料),共 4 ×20 ×50 ＝4000 个 8 节点六面体单元。

点击 SWEEP－NODES,以除去多余节点。

点击 RENUMBER 进行节点编码优化。

刚生成的轧件前端面处在变形区出口截面,必须进行－z 方向的移动操作,将轧件前端移至变形区入口截面(咬入点位置)。移动的距离即为变形区长度。操作步骤如下:

```
MESH GENERATION
   MOVE
      TRANSLATIONS
         0,0,－2
      ELEMENTS
         ALL－EXIST(可根据情况进行多次点击,直到将轧件前端移到所希望的位置,或者先粗移后
微移。也可按计算出的变形区长度将轧件一次性移到指定位置)
```

4)推头的定义

推头的作用是帮助轧件咬入,一般通过在轧件后端面处设置一个按预定速度 V_z 向前移动的平面来完成。本例可紧贴轧件尾部定义一个平行于轧件后端面的四边形。要求该四边形的长和宽(由其四个点的 x、y 坐标确定)比轧件的轮廓尺寸大,一般在 x、y 正负方向各大一个单元尺寸即可,可大 ±10。该平面的纵向位置由坐标 z 确定,而 z 可通过显示轧件尾部节点获得,即在 MESH GENERATION 菜单下点击 NODES－SHOW,再点轧件后端面任意节点,便可在命令操作区中见到所选节点的坐标值。

做出推头后,本成型系统所有几何体的描述就完成了。

5)材料性质定义

前面对几何体进行了描述,也完成了轧件的离散化,生成了单元网格,但轧件是什么材质尚未定义。本例材料可从 MARC 材料库中选取,然后将材料性质施加到所有单元上。操作如下:

```
MAIN
   MATERIAL PROPERTIES
      READ
         C22(相当于 20＃钢)
```

```
      RETURN
      ELEMENTS - ADD
      ALL - EXIST
  RETURN
```

6）初始条件定义

初始条件仅为初始温度条件，并视轧件为均匀温度场，操作如下：

```
MAIN
  INITIAL CONDITIIONS
    THERMAL
      TEMPERATURE
        ON
        TEMPERATURE
        1250
        OK
        RETURN
      NODES - ADD
        ALL - EXIST
      RETURN
```

7）边界条件定义

由于我们要完成的是力学分析，而不是热力耦合分析，因此不必考虑传热问题，故边界条件仅为轧件对称面上的位移边界条件。定义过程如下：

```
MAIN
  BOUNDARY CONDITIONS
    MECHANICAL
      NEW
        NAME
        dis_x(在命令操作区键入 x 方向的位移边界条件名)
        FIX DISPLACEMENT
          X DISPLACE ON
        OK
        NODES - ADD
        （用 BOX 法选中对称面 1 上的所有节点，再按鼠标右键）
      NEW
        NAME
          dis_y(在命令操作区键入 y 方向位移边界条件名)
        FIX DISPLACEMENT
          Y DISPLACE ON
        OK
      NODES - ADD
      （用 BOX 法选中对称面 2 上的所有节点，再按鼠标右键）
```

8) 接触体的定义

总共有 3 个接触体。先定义轧件,后定义工具等其他接触体。

```
MAIN
  CONTACT
    NEW
      NAME
        billet(第 1 个接触体)
      WORKPIECE
      ELEMENTS - ADD
        ALL - EXIST
    NEW
      NAME
        roll(第 2 个接触体)
      RIGID TOOL
        FRICTION COEFFICIENT
          0.7(剪切摩擦模型,实际为摩擦因子)
        REFERENCEPOINT
          0,  492,  0
        ADITIONAL PROPERTY
          ROTATION(RAD/TIME)
            8.3776(由 80r/min 换算成 rad/s)
        ROTATION AXIS
          -1, 0, 0
        OK
    NEW
      NAME
        push(第 3 个接触体)
      RIGID TOOL
        ADITIONAL PROPERTY
          Z - velocity
            1500(此速度按轧件速度估计,一般取轧速的 50%)
        OK
      RETURN
```

9) 接触表定义

```
MAIN
  CONTACT
    CONTACT TABLE
      NEW
        CONTACT PROPERTY
        (让轧辊和推头都与轧件接触)
```

```
    RETURN
```

至此,有限元分析模型已经建立。

(4)求解分析

1)定义载荷工况

```
MAIN
  LOADCASE
    CONTACT TABLE
      ctable1   OK
    CONVERGENCE TESTING
      relative
      displacement   OK
    TOTAL LOADCASE TIME
      0.4+(班号+机位号)/1000
    ♯STEPS
      600
    FIXED TIME STEPS
      OK
```

2)定义作业参数

```
MAIN
  JOBS
    JOB PROPERTIES
      lcase1
      INITIAL LOADS   OK
      CONTACT CONTROL
        DISTANCE TOLERANCE   0.25
        SHEAR
        DOUBLE SIDE
        RELATIVE SLIDE VELOCITY   5
        SEPERATION FORCE   0.1
        CONTACT TABLE   ctable1
        OK
      JOB PARAMETERS
        RESTART
          WRITE RESTART DATA
          INCREMENT FREQUENCY   100
          OK
        OK
      JOB RESULTS
        FREQUENCY   5
      srtess
```

```
        strain
        el_strain
        pl_strain
        Equivalent Von Misis Stress
        Maan Normal Stress   OK   OK
```

3)求解运行及过程监控

```
MAIN
   JOBS
      RUN
         SUBMIT1
            MONITOR
```

当完成 Loadcase 中规定的 Total time 或 Steps 后,则分析求解完毕,系统将退出。正常的退出代码为 3004。若分析中途退出,则为其他代码。

(5)后处理

打开结果文件(可以直接打开与模型文件同名的结果文件,文件扩展名为".t16",也可用鼠标左键单击 open default,打开缺损结果文件),根据所分析问题的要求,确定绘图类型,即选择"路径绘图"还是"历史绘图"。

1)参数分析

轧制压力随增量步的变化。

显然这是历史绘图,过程如下:

```
RESULTS
   HISTORY PLOT
      COLLECT GLOBLE DATA
      NODES/VARIABLES
         ADD GLOBLE CRV
         INCREMENT
         FORCE Y ROLL(在图形区中已生成轧制压力变化图,力单位为 N。需要注意的是,图上显示的
压力值只是实际轧制压力的 1/2)
```

2)轧件宽展分析

只要得出轧件边部节点的横向(x 方向)位移,便可得到轧件的绝对宽展。显然这是路径绘图,过程如下:

```
RESULTS
   PATH PLOT
      NODE PATH
         first node of the path
         second node of the path   OK(按右键确认)
      VARIABLES
         ADD CURVE
            Arc Length
```

Displacement X(在图形区中已生成轧件边部横向位移图,单位为 mm)

横向位移量即为绝对宽展量。通过绝对宽展量不难求出相对宽展量($\Delta B/B$)。

轧件与轧辊接触应力分析:接触应力即为接触面上的 σ_y。变形区(从变形区入口到出口)内,在轧件与轧辊接触面上选择一条横向节点路径,分析应力 σ_y 沿该路径的变化,过程如下:

RESULTS
  PATH PLOT
    NODE PATH
      first node of the path(位于横向对称面上)
    second node of the path   (位于轧件边缘)
        OK(按右键确认)
    VARIABLES
    ADD CURVE
    Arc Length
    Comp 22 of Stress(在图形区中已生成 σ_y 沿轧件横向分布图,单位为 MPa)

3)图形文件的生成

无论是历史绘图还是路径绘图,按上述步骤在图形区中生成的图形并不能直接打印输出,一般要先存为各种不同格式的图形文件,然后通过输出设备打印出来或插入其他格式的文件中。

生成图形文件的步骤如下:

UTILS(静态菜单区中)
SNAPSHORT
  PREDEFIND COLORMAPS   8(图形背景反白)
  MS WINDOWS BMP   1   (拟将图形存为 bmp 格式的图形文件)
    T1   OK(已在当前目录下将图形存为 T1. bmp)

4)数据文件的生成

生成图形的数据可以复制出来,生成 file. dat 或 file. txt,然后到 Origin 下处理,生成图形。

4. 实验报告要求

(1)简述应用 MARC 模拟轧制过程;

(2)给出模拟计算的结果和图形;

(3)结合理论分析模拟结果。

9.6 箱形孔型轧制有限元模拟

1. 实验目的

(1)了解型钢轧制有限元模拟模型的建立过程,了解模型建立需要的参数、初始和边界条件；

（2）采用有限元软件 MARC. SuperForm 分析方坯在箱形孔型中的轧制过程。

2. 软件介绍

目前用于金属塑性成型分析的有限元软件较多，比较常用的有 ABAQUS、MARC、ANSYS 等。MARC 能够解决高度非线性的问题，模拟计算范围广泛，涉及结构、热、流体、声学、电子和磁等，并且可以实现多场耦合。其中 MARC. SuperForm 特别适用于金属块体成型，已成为研究金属塑性变形强有力的工具，可以真实地模拟产品设计和开发的全过程，已经广泛用于板带、型钢和钢管轧制过程的模拟计算。通过模拟可以了解金属在轧制过程中的力能参数、金属流动规律、应力应变特点、温度变化规律等，找到工艺参数和变形工具对金属变形的影响，预报产品可能产生的缺陷，为工艺优化提供科学根据，缩短产品开发时间，提高设计质量。

3. 箱形孔轧制有限元模型建立与计算

（1）箱形孔型

型钢轧制是在孔型中轧制的。孔型的形状多种多样，可以轧制出不同断面形状的产品和坯料。箱形孔型一般用于开坯孔型，主要实现坯料的大延伸和减面。图 9-14 为箱形孔型尺寸。

（2）坯料、材质与单元划分

本次模拟采用的坯料尺寸为 140mm×140mm×360mm，坯料圆角

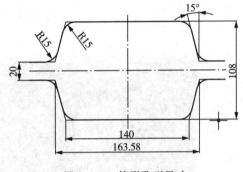

图 9-14　箱形孔型尺寸

半径 $R=12$mm，为减少单元数量，取轧件 1/4 模拟计算。材质为 C22，材料的热物理性能参数和变形抗力模型取自 MARC 材料库。单元数目为 2130 个。

（3）初始和边界条件

轧辊视为恒温刚性体，表面温度为 250℃，初始条件主要是轧件温度，温度为 1050℃。边界条件有摩擦条件和传热边界条件。①摩擦边界条件：工具与轧件接触面上采用库仑摩擦，摩擦系数取 0.4。②传热边界条件：包括轧件与周围环境的对流与辐射换热，轧件与轧辊接触时的接触传热。这里轧件与环境的对流换热系数取 0.02kW/(m² · ℃)。轧件与环境间的辐射换热系数可根据辐射定律进行转换，热辐射率取 0.8。轧件与轧辊之间的接触热传导一般用接触热传导系数来简化处理，本计算热传导系数取 25kW/(m² · ℃)。轧件对称面采用绝热边界处理，即 $q=0$。由于金属变形和接触面的摩擦，轧件产生温升，其热功转换系数取 0.9。轧辊直径为 φ580mm，轧辊转速为 1.0r/s。

（4）模拟计算

根据上述条件建立的有限元模型文件为 test1. mud。用 SuperForm 软件打开文件，界面如图 9-15 所示。

依次点击界面中的 MAIN、JOBS、RUN，弹出 RUN JOB 界面，点击界面中的 SUBMIT(1) 开始运算，MONITOR 用于显示计算状态。计算时的界面如图 9-16 所示。正常 EXIT NUMBER 为 3004，计算完毕。

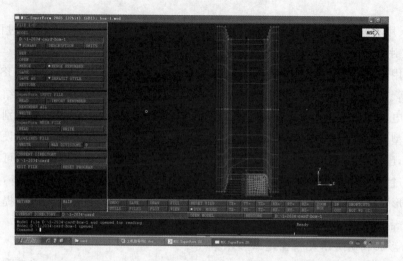

图 9 - 15　打开文件界面

图 9 - 16　计算界面

4. 有限元模拟结果分析

采用 SuperForm 模拟计算轧制过程,得到结果。打开结果文件 test1_job1. t16,界面如图 9 - 17 所示。

尽管模拟计算结果有很多,但可以将参量分成过程量和瞬时量(过程量是随时间变化的参量,瞬时量表示某一时刻参量的状态值)。过程量可以用图 9 - 16 中的 HISTORY PLOT 来提取数据分析,瞬时量可以用 PATH PLOT 提取数据来分析。下面以轧制压力和轧件宽展两参量为例介绍如何提取、收集模拟数据。

(1)轧制压力随时间的变化(过程量)

轧制压力变化如图 9 - 18 所示。

(2)轧件侧面宽展大小(瞬时量)

轧件侧面宽展(切片 2)如图 9 - 19 所示。

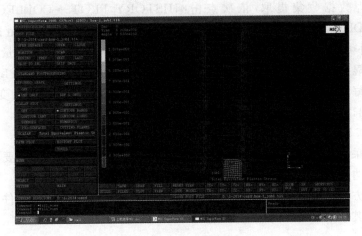

图 9-17　计算结果界面

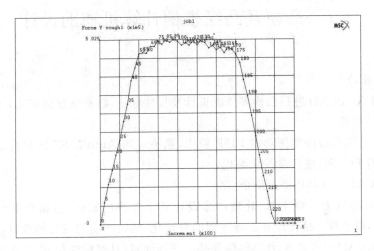

图 9-18　轧制压力变化

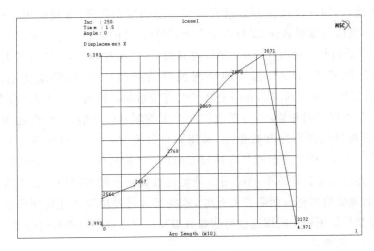

图 9-19　轧件侧面宽展(切片 2)

轧制压力数据收集提取,依次点击:HISTORY PLOT→COLLECT GLOBAL DATA→NODES VARIABLES→ADD GLOBAL CRV,添加需要的变量按 FIT 即可。收集提取轧件侧面宽展大小数据时,首先要确定需要分析的时间点,即增量步为多少,然后用 PLOT 显示节点。确定要分析的轧件部位后依次点击:PATH PLOT→NODE PATH(设置好后点击右键)→VARIABLES→ADD CURVE,添加需要的变量按 FIT 即可。图形输出用 UTILS 完成。

5. 上机实验报告要求

(1)简述采用有限元分析软件 SuperForm 进行型钢轧制模拟计算需要的工具、工艺参数和初始、边界条件等的设定;

(2)分析方坯在箱形孔型中轧制的力能参数、轧制速度、轧件变形、轧件应力应变、轧件温度等(以其中某一项为例)。

9.7 凸模及凸缘模柄计算机辅助设计

1. 实验目的

(1)利用 AutoCAD 进行凸模零件图设计及尺寸标注,熟悉图块的应用,了解 DXF 图形交换文件的功能;

(2)编写绘制凸缘模柄图形的 LISP 程序,熟悉应用 Auto LISP 语言自定义函数,对数据进行处理和作图,进行参数化编程。

2. AutoCAD 及 LISP 语言简介

CAD 以计算机为主要工具,处理产品设计各个阶段的知识、数据和图形信息,并与 CAM 为一体,以实现产品设计和制造过程的自动化,缩短产品的设计周期,提高产品的设计质量。AutoCAD 可定义点、线、弧、圆等基本图形元素,具有标注尺寸、文本说明、画剖面线、图块插入建立图库、构造复杂图形、编辑图形、三维实体造型等功能。AutoCAD 还提供了高级语言的接口,用户可以用高级语言编制自己的应用程序,直接调用 AutoCAD 的命令,也可以用高级语言编写 AutoCAD 的宏命令,根据自己的需要进行二次开发。

Auto LISP 语言是一种嵌在 AutoCAD 内部的 LISP 编程语言,它综合了人工智能高级语言 LISP 的特性和 AutoCAD 强大的绘图编辑功能的特点,目的是使用户充分利用 AutoCAD 进行二次开发。利用 Auto LISP 可以直接增加和修改 AutoCAD 命令,实现对当前图形数据库的直接访问和修改,可随意扩大图形编辑修改功能,并结合各国标准建立大量标准件、非标准件的图形库和数据库,利用它可开发"MECAD 机械零件 CAD 软件包""GTS 图形开发工具""模架图形库""冷冲模 CAD"等应用软件。Auto LISP 开发 AutoCAD 的一个典型应用的也是其最重要的应用就是实现参数化绘图程序设计。工程上要绘制一个几何图形,必须要给出充分而必要的尺寸,这些尺寸就是决定该几何图形形状和大小的绘图参数。参数化绘图程序根据这些可变参数编写出可生成相应图形的程序。

3. 实验内容及要求

(1)凸模零件图设计及标注尺寸

① 由于凸模(图 9-20)是模具的成型零部件,它的尺寸精度必须满足成型产品尺寸精度要求,具有相当高的加工精度,因此在设计时应根据加工精度等级和相应尺寸确定尺寸极限偏差;

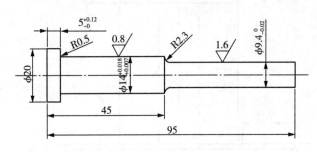

图 9-20　凸模

② 在标注尺寸时,对尺寸参数进行设置,应按要求进行相应的公差标注;

③ 凸模的表面光洁度高低直接影响成型产品的表面质量,凸模表面通常采用磨削加工,有时进行研磨、抛光处理,因此在设计时应根据成型产品的表面质量选择合理的表面光洁度;

④ 绘制表面光洁度时,应用属性块定义和插入;

⑤ 了解和掌握图形交换文件的结构与格式,实现图形数据的交换。

(2)绘制凸缘模柄图形的 LISP 程序编写

用 Auto LISP 编写绘制图 9-21 所示凸缘模柄的程序,尺寸标注(略)。凸缘模柄是模具中常用的一个零件,虽然不同的模具所要求的凸缘模柄的形状相近或一致,但是尺寸是不一样的,而 Auto LISP 开发 AutoCAD 的一个典型的也是最重要的应用就是实现参数化绘图程序设计。因此,在设计这一零件时,可利用 LISP 语言自定义函数、定义变量,对数据进行处理,利用尺寸可变参数编写出可生成相应图形的程序。

4.实验设备

(1)硬件:微机;

(2)操作系统:WINXP/WIN2000;

(3)软件:AutoCAD 2002。

5.实验步骤

(1)设计并绘制凸模零件图,标注基本尺寸

① 根据成型制品要求,确定合理的加工精度和表面光洁度;

② 利用"Layer""Line""Chamfer""Mirror"等命令绘制凸模图形;

③ 根据尺寸及公差类型,设置四种尺寸类型,通过"Dimension"→"Style"设置,利用"Dimension"命令标注基本尺寸及相应的公差;

④ 用"Make Block"命令创建粗糙度属性块,再用"Insert"插入,完成粗糙度绘制;

⑤ 用"DXF"后缀文件存盘,初步了解"DXF"图形交换文件的功能,并将存盘文件通过接口输入其他商业软件中。

(2)编写绘制凸缘模柄图形的 LISP 程序

① 通过 AutoCAD 界面中的"Tools"→"Auto LISP"→"Visual LISP 编辑器",打开

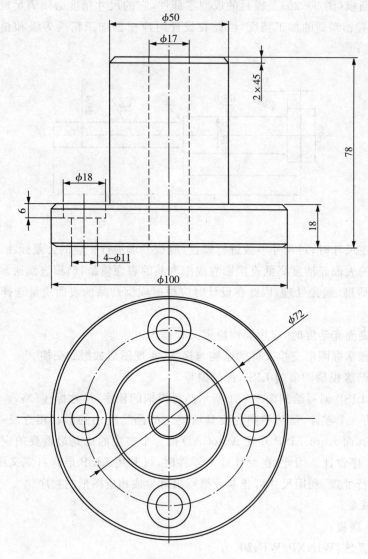

图 9 – 21　凸缘模柄

编辑器窗口,如图 9 – 22 所示;

　　② 在编辑器窗口编写 LISP 程序;

　　③ 程序编写完成后,用"Visual LISP"中的"工具"命令进行调试,检查程序是否存在问题;

　　④ 检查程序没有问题后,通过"File"→"Save as"将其存储为"∗.lsp"文件;

　　⑤ 由 AutoCAD 界面中的"Tools"→"AutoLISP"→"Load"命令加载所存储的"∗.lsp"文件;

　　⑥ 通过参数对调用自定义函数及有关的实参(注意此时自定义中的形式参数一定要变为实参),具体调用方式为:

　　在 AutoCAD 界面的 Command 命令中输入:(自定义函数名　实参1　实参2……),具体到本实验就是:(shank 50.0 100.0 78.0 18.0 17.0 72.0 11.0 18.0 6.0);

输入以上参数后,AutoCAD界面就出现了相关实参所决定的图形,如图9－23所示;

⑦ 输入不同实参,(shank 30.0 70.0 50.0 18.0 15.0 50.0 8.0 14.0 7.0),观察输出结果变化情况,如图9－24所示。通过对两图的比较,认真体会AutoLISP语言在参数化程序中的应用;

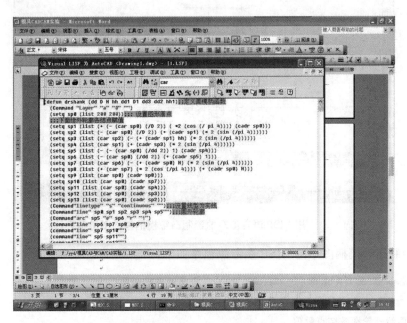

图9－22 Visual LISP编辑器窗口

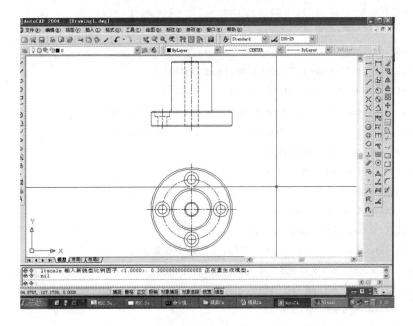

图9－23 用LISP语言编写的绘制凸缘模柄零件图的结果(1)

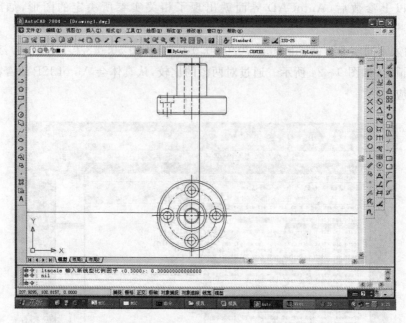

图 9-24　用 LISP 语言编写的绘制凸缘模柄零件图的结果(2)

⑧ 绘制凸缘模柄图形的 LISP 参考源程序如下：

```
(defun shank(dd D H hh dd1 D1 dd3 dd2 hh1);;;定义画模柄函数
(setq sp0(list 200 200));;;设置图形原点
;;;下面给外轮廓各结点赋值
(setq sp1(list( + ( - (car sp0)(/D 2))( * 2(cos(/pi 4))))(cadr sp0)))
(setq sp2(list( - (car sp0)(/D 2))( + (cadr sp1)( * 2(sin(/pi 4))))))
(setq sp3(list(car sp2)( - ( + (cadr sp1) hh)( * 2(sin(/pi 4))))))
(setq sp4(list(car sp1)( + (cadr sp3)( * 2(sin(/pi 4))))))
(setq sp5(list( - ( - (car sp0)(/dd 2))1)(cadr sp4)))
(setq sp6(list( - (car sp0)(/dd 2))( + (cadr sp5)1)))
(setq sp7(list(car sp6)( - ( + (cadr sp0)H)( * 2(sin(/pi 4))))))
(setq sp8(list( + (car sp7)( * 2(cos(/pi 4))))( + (cadr sp0)H)))
(setq sp9(list(car sp0)(cadr sp8)))
(setq sp10(list(car sp0)(cadr sp7)))
(setq sp11(list(car sp0)(cadr sp4)))
(setq sp12(list(car sp0)(cadr sp3)))
(setq sp13(list(car sp0)(cadr sp2)))
(Command "linetype" "s" "continuous" "");;;设置线型为实线
(Command "line" sp0 sp1 sp2 sp3 sp4 sp5"");;;画外轮廓
(Command "arc" sp5 "e" sp6 "r" "1")
(Command "line" sp6 sp7 sp8 sp9"")
(command "line" sp7 sp10"")
(command "line" sp5 sp11"")
```

```
(command "line" sp3 sp12"")
(command "line" sp2 sp13"")
(setq sp16(list( - ( - (car sp0)(/dd1 2))(cos(/pi 4)))(cadr sp9)))
(setq sp17(list( - (car sp0)(/dd1 2))( - (cadr sp16)(sin(/pi 4)))))
(setq sp18(list(car sp17)(cadr sp0)))
(setq sp19(list(car sp0)( - (cadr sp16)(sin(/pi 4)))))
(Command "linetype" "s" "dashed" "") ;;;设置线型为虚线
(Command "line" sp16 sp17 sp18 "") ;;;画中心孔
(command "line" sp17 sp19 "")
(setq sp14(list(car sp0)( - (cadr sp0) 5)))
(setq sp15(list(car sp0)( + (cadr sp9) 5)))
(command "linetype" "s" "center" "");;;设置线型为点划线
(Command "line" sp14 sp15 "")   ;;;画中心线
(setq w1(list( - (car sp2) 1)( - (cadr sp0) 1)))
(setq w2(list( + (car sp9) 1)( + (cadr sp9) 1)))
(setq x1 100 y1 100 x2 300 y2 500)
(command "zoom" "w"(list x1 y1)(list x2 y2))
(Command "mirror" "w" w1 w2"" sp14 sp15"") ;;;镜像外轮廓的右半边
;;;下面给台阶的各结点赋值
(setq sp1(list( - ( - (car sp0)(/D1 2))(/dd3 2))(cadr sp0)))
(setq sp2(list(car sp1)( + (cadr sp0)( - hh hh1))))
(setq sp3(list( - ( - (car sp0)(/D1 2))(/dd2 2))(cadr sp2)))
(setq sp4(list(car sp3)( + (cadr sp0) hh)))
(setq sp5(list( - (car sp0)(/D1 2))(cadr sp4)))
(setq sp6(list( - (car sp0)(/D1 2))(cadr sp2)))
(setq sp7(list( - (car sp0)(/D1 2))(cadr sp1)))
(setq sp8(list( - (car sp0)(/D1 2))( - (cadr sp7) 3)))
(setq sp9(list( - (car sp0)(/D1 2))( + (cadr sp5) 3)))
(command "linetype" "s" "dashed" "");;;设置线型为虚线
(Command "line" sp1 sp2 "")   ;;;画台阶孔
(Command "line" sp3 sp4 "")
(Command "line" sp3 sp6 "")
(command "linetype" "s" "center" "")
(command "line" sp8 sp9 "")
(setq w1(list( - (car sp4) 1)(cadr sp9)))
(setq w2(list( + (car sp8) 1)(cadr sp8)))
(Command "mirror" "w" w1 w2 "" sp8 sp9 "");;;镜像台阶孔的右半边
(setq spc(list 200 100))  ;;;设置俯视图的中心点
(command "linetype" "s" "continuous" "")   ;;;设置线型为实线
(command "circle" spc(/dd 2.0))   ;;;画俯视图
(command "circle" spc( - (/dd 2.0) 2))
(command "circle" spc(/dd1 2.0))
```

```
(command "circle" spc( - (/dd1 2.0) 1))
(command "circle" spc(/D 2.0))
(command "circle" spc( - (/d 2.0) 2))
(setq sp1(list(car spc)( + (cadr spc)(/D1 2))))
(setq sp2(list(car spc)( - (cadr spc)(/D1 2))))
(setq sp3(list( + (car spc)(/D1 2))(cadr spc)))
(setq sp4(list( - (car spc)(/D1 2))(cadr spc)))
(setq sp5(list( + (car spc)(/D 2) 5)(cadr spc)))
(setq sp6(list( - (car spc)(/D 2) 5)(cadr spc)))
(setq sp7(list(car spc)( + ( + (cadr spc)(/D 2)) 5)))
(setq sp8(list(car spc)( - ( - (cadr spc)(/D 2)) 5)))
(command "circle" sp1(/dd2 2))
(command "circle" sp1(/dd3 2))
(command "circle" sp2(/dd2 2))
(command "circle" sp2(/dd3 2))
(command "circle" sp3(/dd2 2))
(command "circle" sp3(/dd3 2))
(command "circle" sp4(/dd2 2))
(command "circle" sp4(/dd3 2))
(command "linetype" "s" "center" "")
(command "line" sp5 sp6 "")
(command "line" sp7 sp8 "")
(command "circle" spc(/D1 2))
(command "zoom" "e")
(command "ltscale" 0.3) ;;;线型全局比例设置
```

6. 实验报告要求

(1)简述计算和辅助设计的过程;

(2)画出凸模零件图并标注尺寸及公差、粗糙度;

(3)在 AutoCAD 界面得出用 LISP 语言编写的绘制凸缘模柄零件图。

参 考 文 献

[1] 赵刚,胡衍生.材料成型及控制工程综合实验指导书 [M].北京:冶金工业出版社,2008.

[2] 梁西陈.机械工程材料及材料成型技术基础实验指导书 [M].北京:冶金工业出版社,2001.

[3] 胡灶福,李胜祗.材料成形实验技术 [M].北京:冶金工业出版社,2007.

[4] 贾平民,张洪亭,周剑英.测试技术 [M].北京:高等教育出版社,2009.

[5] 任汉恩.金属塑性变形与轧制原理 [M].北京:冶金工业出版社,2015.

[6] 余汉清等.金属塑性成型原理 [M].北京:机械工业出版社,2004.

[7] 马怀宪.金属塑性加工学——挤压、拉拔与管材冷轧 [M].北京:冶金工业出版社,2004.

[8] 王廷博,齐克敏.金属塑性加工学——轧制理论与工艺 [M].北京:冶金工业出版社,2004.

[9] 林治平.金属塑性变形的实验方法 [M].北京:冶金工业出版社,2002.

[10] 刘宝珩.轧钢机械设备 [M].北京:冶金工业出版社,2005.

[11] 钱健清,袁新运.冷轧深冲钢板的性能检测和缺陷分析 [M].北京:冶金工业出版社,2012.

[12] 吴诗惇.冲压工艺及模具设计 [M].西安:西北工业大学出版社,2002.

[13] 赵松筠,康文林.型钢孔型设计 [M].北京:冶金工业出版社,2004.

[14] 陈锦昌,赵明秀,张国栋,等.VB 计算机绘图教程 [M].广州:华南理工大学出版社,2003.

[15] 曾令宜.AutoCAD 2000 应用教程 [M].北京:电子工业出版社,2000.

[16] 黄毅宏,李明辉.模具制造工艺 [M].北京:机械工业出版社,2004.

[17] 周雄辉,彭颖红.现代模具设计制造理论及技术 [M].上海:上海交通大学出版社,2000.

[18] 丁修堃.轧制过程自动化 [M].北京:冶金工业出版社,2005.

[19] 赵刚,杨修立.轧制过程的计算机控制过程 [M].北京:冶金工业出版社,2002.

[20] 李名尧.模具 CAD/CAM [M].北京:机械工业出版社,2005.

[21] 陈红火.Marc 有限元实例分析教程 [M].北京:机械工业出版社,2002.

[22] 梁清香,张根全.有限元与 MARC 实现 [M].北京:机械工业出版社,2003.

[23] 姜奎华.冲压工艺与模具设计 [M].北京:机械工业出版社,2011.

[24] 施文康,余晓芳.检测技术 [M].北京:机械工业出版社,2010.